天下文化
BELIEVE IN READING

科學天地 148A

10種物質改變世界

STUFF MATTERS

THE STRANGE STORIES OF THE MARVELLOUS MATERIALS THAT SHAPE OUR MAN-MADE WORLD

BY MARK MIODOWNIK

米奧多尼克◎著　賴盈滿◎譯

10種物質改變世界

目　錄

獻給露比、拉茲洛和小不點

前言　走進神奇的物質世界

我站在地鐵車廂裡，身上有一道13公分、後來被醫師判定為穿刺傷的傷口汩汩滲血，我心想接下來該怎麼辦。那是1985年的一個5月天，我在車門關上前跳進車廂，把攻擊者擋在門外，卻沒閃過他的攻擊，背上被刺了一下。傷口像遭利紙割傷一樣劇痛，而我看不到傷勢有多重。但身為英國人，又是中學生，我心中的難堪壓過了應有的常識。因此我非但沒有呼救，反而決定最好悶不吭聲坐車回家。這麼做很怪，但我就是那樣做了。

為了讓自己分心，別去注意疼痛和鮮血流過背部的不適，我試著回想剛才究竟發生了什麼。那傢伙在月台上朝我走來，向我要錢。我搖頭拒絕。他突然湊得很近，讓人很不自在。他盯著我說他有刀，他說這話時噴了幾滴口水，灑在我的眼鏡上。我順著那傢伙的目光望向他藍色連帽夾克的口袋，發現他一手插在口袋裡，口袋鼓了一塊。我直覺認為他只是虛張聲勢，鼓起來的是他的食指。接著我心裡閃過另一個念頭：就算他有刀，也一定是很小一把，才塞得進口袋裡，因此絕不可能傷人太重。我自己也有小刀，知道那種刀很難刺穿我身上那麼多件衣服，包括我引以為傲的皮夾克、灰色羊毛西裝制服、尼龍V領套頭衫、白色棉襯衫，外加只打一半的條紋制服領帶和棉背心內衣。我腦中迅速浮現一計：繼續跟他說話，然後趁車門關上之前把他推開，趕緊上車。我看見車就快來了，確信他一定來不及反應。

一刀引起的機緣

有趣的是我猜對了一件事：他真的沒有刀。他手上的武器只是一把用膠帶纏住的剃刀刀片。那一塊小鐵片不比郵票大，卻一口氣割穿了五件衣服，刺破我的表皮和真皮，一點阻礙也沒有。我後來在警局看到那玩意兒，整個人愣傻了，如同遭催眠一樣。我以前當然看過剃刀，但那一刻卻發現自己根本不了解它。我那時剛開始刮鬍子，只看過嵌在比克牌橘色塑膠刮鬍刀裡的剃刀，那玩意感覺友善得很。警察問我兇器的事，我們之間的桌子微微晃動，剃刀也跟著搖晃，映著日光燈熠熠生輝。我清楚看見它的鋼刃依然完美無缺，下午那一番折騰沒有在上面留下任何刮痕。

我記得後來要填筆錄，爸媽焦急坐在我身旁，不曉得我為何停筆不前。難道我忘了自己的姓名和地址？其實我是盯著第一頁頂端的釘書針瞧，很確定它也是鋼製的。這一小根其貌不揚的銀色金屬不僅刺穿了紙面，而且乾淨俐落，精準無比。我檢視釘書針的背面，發現它兩端整整齊齊對折收好，把紙緊緊抱住。連珠寶匠也沒有這等功夫。我後來查到世界上第一把釘書機是工匠親手為法國國王路易十五打造的，每一根針上都刻著國王的姓名縮寫。誰想得到釘書機竟然有皇室血統？我覺得這釘書針真是「巧奪天工」，於是指給父母親看。他們兩人對看一眼，面帶愁容，心想這孩子一定是精神崩潰了。

我想是吧，因為怪事顯然發生了。那一天，我正式成了「物質迷」，而頭一個對象就是鋼。我突然對鋼超級敏感，發現它無所不在，其實只要開始留意，就會察覺確實如此。我在警察局做筆錄時，發現原子筆尖是鋼做的；我父親焦急等待，鑰匙圈噹啷作響，那也是鋼製成的；後來它還護送我回家，因為包住我家車子外殼的還是鋼，而且厚度比一張明信片還薄。說也奇怪，那輛小Mini平常很吵，但我覺得它那天特別乖巧，彷彿代表鋼為下午的事向我道歉。回家後，我和父親並肩坐在餐桌前，安靜喝著母親煮的湯。我突然停下來，發現自己正拿著一塊鋼片放進嘴裡。我把不鏽鋼湯匙吸吮乾淨，拿出來看著它發亮的表面。那勺面又光又亮，連我變形的倒影都看得見。「這是什麼材質？」我揮動手裡的湯匙問父親：「還有，它為什麼沒味道？」說完，我把湯匙放回嘴裡仔細吸吮，確定它是不是真的沒味道。

我腦中湧出了幾百萬個問題。鋼為我們做了那麼多事，我們為什麼幾乎不曾提到它？這材料和我們那麼親密，我們把它含在嘴裡、用它去除不要的毛髮、坐在它裡面到處跑，它是我們最忠實的朋友，我們卻幾乎不曉得它如此萬能的訣竅。為什麼剃刀用來切割，迴紋針卻能隨意彎折？為什麼金屬會發亮，玻璃卻是透明的？為什麼幾乎所有人都討厭混凝土而喜歡鑽石？為什麼巧克力那麼好吃？某某材料為什麼外觀是那樣子、有那樣的性質？

物質構築了我們的世界

自從那天被人刺傷之後，我所有時間幾乎都沉迷在物質裡。我在牛津大學攻讀材料科學拿到博士，主題是噴射引擎合金，接著又到全球各地最先進的實驗室擔任材料科學家和工程師。我對物質愈來愈著迷，手邊收藏的特殊材料也愈來愈多。那些樣本如今都納入我跟同事好友賴芙琳（Zoe Laughlin）和康林（Martin Conreen）共同打造的物質館裡。其中有些怪得離譜，例如美國航太總署的氣凝膠，成分有99.8%是氣體，感覺就像固態煙霧。有些具有放射性，例如我在澳洲一家古董店很裡面的角落發現的鈾玻璃。有些很小卻重得誇張，例如要費盡千辛萬苦才能從鎢錳鐵礦提煉鑄成的鎢條。有些雖然常見卻隱含不為人知的祕密，例如具有療效的混凝土。這座物質館目前位於英國倫敦大學學院的製成研究中心，裡頭收藏了上千種材質，呈現出建構我們這個世界，從住家、衣服、機器到車輛的各種原料。你可以用它們重建文明，也可以用它們毀滅世界。

然而，我們還有一個更巨大的物質館，裡頭收藏了數百萬種材料，這是已知最大的物質館，而且收藏數量一直呈指數成長：那就是人造品的世界。請看本頁的相片。

這是我在我家屋頂喝茶的相片。這張相片非常普通，但如果仔細觀察，就會發現它像一份型錄，列出了建構我們整個文明世界的各種物質。這些物質很重要。拿掉混凝土、玻璃、織料、金屬和其餘材質，我就只能光溜溜的飄在空中發抖。我們或許自認為文明，但文明絕大多數得歸功於豐饒的物質。少了物質材料，我們可能很快就得和其他動物一樣為了生存而搏鬥。因此從這個角度看，是衣服、住家、城市和各式各樣的「東西」讓我們成為人（只要去過災區就知道我在說什麼），而我們用習俗和語言讓它們具有生命。因此，物質世界不僅是人類科技與文化的展現，更是人類的一部分。我們發明物質、製造物質，而物質讓我們成為我們。

文明世代就是物質世代

從我們對文明發展階段的劃分（石器時代、銅器時代和鐵器時代），就可以看出物質對我們而言有多麼根本和重要。人類社會每一個新時代都是因為一種新物質出現而促成的。鋼是維多利亞時代的關鍵原料，讓工程師得以充分實現夢想，做出吊橋、鐵路、蒸氣機和郵輪。修建英國大西部鐵路與橋樑的偉大工程師布魯內爾（Isambard Kingdom Brunel）用物質改造了地景，播下現代主義的種子。二十世紀常被歌頌為矽時代，是因為材料科學的突破帶來了矽晶片和資訊革命。但這個說法忽略了其他五花八門的嶄新材質，它們同樣改寫了現代人的生活。建築師運用大規模生產的結構鋼和平板玻璃建起摩天大樓，創造出新的都市生活型態。產品和服裝設計師用塑膠徹底轉變了我們的住家與穿著。聚合物製造而成的賽璐珞催生了影像文化一千年來的最大變革，也就是電影的誕生。鋁合金和鎳超合金讓我們製造出噴射引擎，使得飛行從此變得便宜，進而加速了文化互動。醫用和齒科陶瓷讓我們有能力重塑自己，並改寫了殘障與老化的定義。整形手術的英文是plastic surgery，而plastic有「塑膠」的意思，這顯示物質往往是新療法誕生的關鍵，從器官修補（如髖關節置換手術）到美化外表（如矽膠隆乳）都是如此。德國著名解剖學家馮．哈根斯（Gunther von Hagens）博士展出人體標本的「人體世界展」，也展現了新穎的生醫材料對文化的影響，促使我們思考自己生時和死後的物質性。

人類建構了物質世界。如果你想了解其中奧祕，挖掘這些物質來自何處、如何作用，又如何定義了我們，這本書便是獻給你的。物質雖然遍布我們周遭，卻往往面貌模糊得出奇，隱匿在我們生活的背景中，毫不顯眼，乍看很難發現它們各有特色。絕大多數金屬都會散發灰色光澤，有多少人能分辨鋁和鋼的差別？不同的樹木差異明顯，但有多少人能說出為什麼？塑膠更是令人困惑。誰曉得聚乙烯和聚丙烯有什麼差別？但更根本的問題或許是：這種事有誰在乎？

我在乎，而且我想告訴你為什麼。不僅如此，既然主題是物質，是構成萬物的東西，那我愛從哪裡開始都可以。因此，我選了我在屋頂的相片當成這本書的起點和靈感來源。我從相片中挑了十種物質，用它們來說「東西」的故事。我會挖掘這十種物質當初發明的動機，揭開背後的材料科學之謎，讚歎人如何用高明的技術把它製造出來。更重要的是，我會說明它為何重要，為何少一物便不能成世界。

在發掘的過程中，我們將發現物質和人一樣，差異往往深藏在表面之下，大多數人唯有靠先進的科學儀器才能略窺一二。因此，為了了解物質的性質，我們必須跳脫人類的經驗尺度，鑽進物質裡面。唯有進入這個微觀世界，我們才能明瞭為何有些物質會有味道，有些則無；有些物質上千年不變，有些一曬太陽就發黃變皺；有些玻璃可以防彈，但玻璃酒杯卻一摔就碎。這趟微觀之旅將揭開我們飲食、衣著、用具和珠寶背後的科學，當然還探索了人體。

不過，微觀世界的空間尺度雖小，時間尺度卻常常大得驚人。就拿纖維和絲線來說，它的尺寸和頭髮差不多，是細得肉眼幾乎看不見的人造物，我們可以用它來製造繩索、毛毯、地毯和最重要的東西：衣服。我們身上穿的牛仔褲和所有衣服都是微型纖維結構，許多式樣比英國的巨石陣還古老。人類歷史都記載衣服能保暖、庇護身體，還能穿出時尚。但衣服也是高科技產品。二十世紀發明了強韌的纖維，讓我們可以製作太空衣保護登陸月球的太空人，還有堅固的纖維可以製造義肢。至於我，我很開心有人發明了一種名叫「克維拉」的高強度合成纖維，可以製作防刀刺的內衣。人類的材料技術發展了幾千年，所以我會在書中不斷提到材料科學史。

10種改造世界的物質

本書每一章不但會介紹一種新材質，還會提供一個認識物質的不同角度。有些主要從歷史出發，有些來自個人經驗；有些強調物質的文化意含，有些則強調科技的驚人創造力。每一章都是這些角度的獨特混合，理由很簡單，因為物質太多種也太多樣，我們跟物質的關係也是如此，不可能一概而論。材料科學是從技術層面了解物質的最強大、最統合的理論架構，但重點還是關於材料，而不是探討科學。畢竟所有東西都是由別的東西製成，而製造東西的人（藝術家、設計師、廚師、工程師、家具師父、珠寶匠和外科醫師等等），對所使用的材料及物質都有屬於自己的情感、感覺和運用方式。我想捕捉的就是如此豐富多樣的材料知識。

例如，我在討論紙的那一章用了許多角度，像快照一樣呈現，理由不只是紙有各種型態，還因為幾乎所有人都以許多方式在用紙。但在討論生醫材料的那一章，我卻鑽入了「人類物質自我」（也就是人體）的最深處。這塊領域正迅速成為材料科學的處女地，不斷有新材料出現，開啟了名為仿生學的全新世界，讓人體得以借助植入物而重建。這些植入物都經過設計，可以「聰明的」融入肌肉和血液的運作中。

它們誓言徹底改變人和自我的關係，因此對未來社會有深遠的影響。

看不見的微觀世界影響大

由於萬物都由原子組成，因此我們無法不談原子的運作原理，也就是人稱量子力學的理論。這表示我們一旦進入微觀原子世界，就必須完全捨棄常識，開始談論波函數和電子態。愈來愈多材料從這個微觀尺度創造出來，而且這些材料看起來幾乎無所不能。運用量子力學設計而成的矽晶片已經催生了資訊時代，而以同樣方式設計的太陽能電池很有潛力只靠陽光就能解決能源問題。不過革命尚未成功，我們還在使用石油和煤炭。為什麼？在發電領域有一個明日之星——石墨烯，我會試著用它來解釋發電的限制。

簡而言之，材料科學的基本概念就是：看不見的微觀世界若有變化，那麼在人的尺度之中，物質行為也會跟著改變。我們的祖先能做出銅和鋼之類的新材料，就是因為碰巧矇到了這個過程。差別只在於老祖先沒有顯微鏡，看不見自己在做什麼，但這只讓他們的成就顯得更加驚人。比方說，敲打金屬不只會改變它外在的形狀，還會改變它內在的結構，因此若用某種方式敲擊，金屬的內在結構就會有所改變，使它變得更硬。我們的祖先從經驗中學到了此事，只不過並不知其所以然。人類的材料知識從石器時代開始就不斷累積，但直到二十世紀才掌握了物質的真正結構。然而，蘊含在鑄鐵和其他工藝裡的經驗知識依然重要，而本書提到的物質也幾乎都是經由我們手腦並用才發現和認識的，因此認識物質不只要靠腦袋，也靠雙手。

人在感覺和生活上都和物質建立了關係，這帶來了許多奇妙的結果。有些物質雖然有瑕疵，我們卻愛不釋手；有些材料很實用，我們卻深惡痛絕。就拿陶瓷來說吧。陶瓷是餐具的原料，我們的杯碗瓢盤都是陶瓷做的，無論住家或餐廳，少了陶瓷就不完整。

人類從幾千年前發明農耕以來就在使用陶瓷，然而陶瓷用久了容易有缺口、發生龜裂，甚至在不該破的時候摔得粉碎。我們為何不改用更堅固的材料，例如塑膠或金屬來製作碗盤和杯子？陶瓷在物理上有這些缺點，我們為何還對它不離不棄？許多領域的學者都在問這個問題，例如考古學家、人類學家、設計師和藝術家，但有一門學科專門有系統的研究人對物質的感官反應，並且發現了許多有趣的現象，那就是心理物理學。

例如針對「酥脆感」所做的研究顯示，我們覺得某些食物好吃與否不只跟味道有關，還跟品嘗時的聲音有關，兩者同樣重要。這讓不少廚師受到啟發，開發出具有音效的餐點，而某些洋芋片商更進一步，不僅讓產品更酥脆，還讓包裝更會發出聲音。我在介紹巧克力那一章會討論物質的心理物理學意含，同時說明物質的感官性一直是幾百年來人類發明創造的主要動力。

這本書當然無法涵蓋所有物質，也無法盡述物質和人類文化的關係，而是概略介紹物質如何影響我們的生活，並且闡述即使單純如在屋頂上喝茶的活動，也必須倚賴複雜的物質網絡才能進行。各位不必到博物館就能領略歷史和科技如何推動人類社會，它們的影響此時此刻就在你身旁四周，只是我們多數時候視而不見。我們必須視而不見，因為要是我們整天用手指滑過水泥牆面，一邊發出讚歎，肯定會被當成瘋子。但在某些機緣下你會陷入沉思：我在地鐵站被人刺一刀的那一刻，就屬於那樣的機緣，而我希望這本書也提供這樣的機緣，能讓你走進神奇的物質世界。

1
不屈不撓的鋼

我從來沒在酒吧廁所簽過保密條款，因此當我發現布萊恩只是叫我簽字，沒有其他意圖時，不禁鬆了一口氣。一小時前我才認識布萊恩。這家錫漢酒吧位於都柏林市郊的鄧萊里，離我當時的工作地點不遠。布萊恩大約六十多歲，臉色紅潤，拄著枴杖，一條腿不良於行。他穿著瀟灑的西裝，稀薄的灰髮帶著一點金色，絲剪牌香菸抽個不停。布萊恩發現我是科學家後，立刻猜到我應該會對他1970年代在倫敦的經歷感興趣。他在倫敦銷售英特爾4004晶片，正好趕上當時的電腦熱潮。他以每箱一英鎊的價格進了一萬兩千箱晶片，再以十倍價格小批賣給相關產業。我跟他說我在都柏林大學學院機械工程系研究合金，一直滔滔不絕的他難得沉默下來，陷入沉思。我便趁機去了洗手間。

保密條款就寫在一張紙上，這張紙顯然是剛從他的筆記本撕下來的。內容很短，主要是說他會跟我描述他的發明，但我必須保密，而他會付我一愛爾蘭鎊。我請他再多告訴我一點，但他戲謔的閉上嘴巴，做了拉拉鍊的動作。我不大曉得我們為什麼要在廁所談這件事。隔著他，我看見其他顧客進進出出。我心想是不是該大聲呼救。布萊恩摸了摸外套，從口袋裡撈出一枝原子筆，又從牛仔褲口袋掏出一張皺巴巴的鈔票。他是認真的。

我在滿是塗鴉的廁所隔間牆上簽了保密條款。布萊恩也簽了字，然後把鈔票給我，那張紙就成了有效力的正式文件了。

回座之後我們繼續喝酒，布萊恩開始解釋他發明的電動磨刀機。他說他的發明會掀起刮鬍刀革命，因為所有人從此只需要買一次刀片。數十億美元的產業將瞬間化為烏有，而他會一夕暴富，地球礦藏的消耗也將減少。「怎麼樣？」他問，然後驕傲的灌了一大口啤酒。

我狐疑的望著布萊恩。科學家都會遇到這種事，被某人抓著大談自己驚天動地的大發明。再說，刮鬍刀於我是一個敏感話題。我覺得被刺了一下，渾身不對勁，想起了背上那一道長長的傷疤，還有我在漢默斯密地鐵站的遭遇。但我還是示意布萊恩繼續講下去……

晚熟的科技

直到二十世紀，科學家才對鋼有深入的了解，這實在很怪，因為鍛鐵這門技術已經代代相傳了數千年。即使在十九世紀，人類對天文、物理和化學已經有了驚人的理解，工業革命所仰賴的鑄鐵和煉鋼還是全憑經驗，靠的是直覺、仔細觀察和大量的運氣。（布萊恩會不會正是這樣的幸運兒，碰巧發明了磨刀的劃時代新方法？我發現我並不想否認這種可能性。）

在石器時代，金屬非常罕見，因此備受珍惜。銅和金是當時僅有的金屬來源，因為地殼只有這兩種金屬是自然存在的（其他都必須從礦石提煉），只是數量不算多。地殼也有鐵，但絕大部分來自天上的隕石。

關於從天而降的金屬，沒有人比家住波士尼亞北部的拉伊奇（Radivoke Lajic）體會更深了。2007年到2008年，他家就遭隕石擊中至少五次。以統計上來說，發生這種事的機率實在微乎其微，拉伊奇說外星人鎖定了他家，聽起來還滿有道理的。他在2008年發表這個看法，結果他家又遭隕石擊中一次。科學家調查後證實是隕石沒錯，並開始研究他家附近的磁場，希望找出這非比尋常高頻率背後的原因。

少了金、銅和隕石鐵，我們石器時代的老祖先就只能用燧石、木頭和獸骨製作工具。使用過這些材料的人都曉得，

拉伊奇展示2007年以來擊中他家的五塊隕石。

用它們做成的工具用途相當有限。木頭一敲不是碎了、裂了，就是斷成兩截，石頭和獸骨也不例外。金屬跟這些材料根本上就不相同，金屬可以鍛造——加熱後會流動且有可塑性。不僅如此，金屬還愈敲愈強韌，光靠打鐵就能使刀刃更硬，而且只要把金屬放入火中加熱，就能反轉整個過程，讓金屬變軟。

一萬年前最先發現這一點的人類，終於找到一種硬如岩石又像塑膠般可以隨意塑形，還能無限重複使用的材質。換句話說，他們找到了最適合製作工具的材料，尤其適合製作斧頭、鑿子和刀鋒之類的切割用器具。

我們的老祖先一定覺得金屬這種軟硬自如的能力非常神奇。我很快發現，布萊恩也有同樣的感受。他說他沒有什麼物理和化學知識，全憑反覆嘗試錯誤設計出他的發明，但終究成功了。他希望我能幫他測量經他的機器操作後，刀刃銳利度的前後差異，因為拿得出這種證據，他才有本錢跟刮鬍刀公司好好談生意。

我告訴布萊恩，用他的機器磨出來的刀刃可能要經過幾項測試，刮鬍刀公司才可能認真考慮他的想法。金屬是由結晶組成的，每片刀刃平均含有幾十億個結晶，結晶裡的原子都按特定方式排列，形狀接近完美的立體模式。鍵結把原子固定在位置上，使得結晶變得強韌，而刮鬍刀的刀刃變鈍，是因為它在反覆撞擊毛髮後，結晶的結構改變，打斷了舊有的鍵結而形成了新的，致使平滑的鋒刃上出現小凹洞。

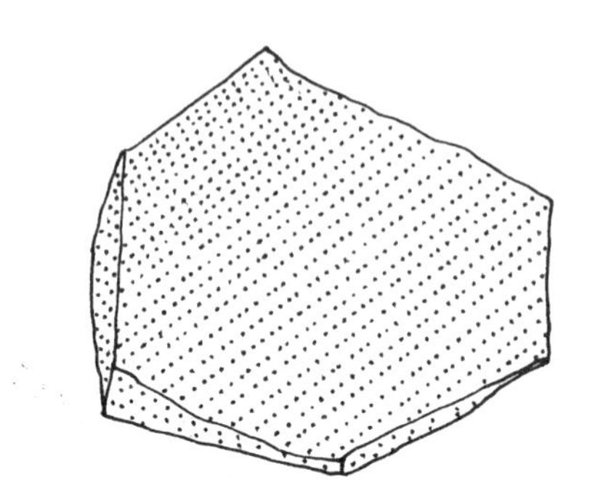

金屬結晶示意圖，刮鬍刀內的結晶便類似如此，其中的成排小點代表原子。

如果要照布萊恩的想法，用電動設備磨利刀刃，就得反轉前述整個過程。換句話說，原子必須重新歸位，回復成原來的結構。布萊恩想讓業者對他的構想認真考慮，不僅需要證明他的發明能重建結晶結構，還必須在原子層面上提出解釋，說明為什麼這樣做可行。摩擦會生熱，而不管是以電動或其他方法加熱，通常效果都跟他所宣稱的相反——熱會讓金屬變軟而非變硬。我這麼跟布萊恩說，布萊恩說他曉得，但堅稱他的電動磨刀機不會加熱刀刃。

金屬由結晶組成，這個想法可能很怪。因為提到結晶，我們通常會想到透明的多面體礦石，例如鑽石或翡翠等。金屬的結晶特質從表面看不到，因為金屬不透明，而且結晶構造通常小到必須用顯微鏡才看得見。使用電子顯微鏡觀察金屬結晶，感覺就像看到鋪得毫無章法的地磚，結晶內則是駁雜的線條，稱為差排。差排是金屬結晶內部的瑕疵，表示原子偏離了原本完美的構造，是不該存在的原子斷裂。差排聽起來很糟，其實大有用處。金屬之所以能成為製作工具、切割器和刀刃的好材料，就是因為差排，因為它能讓金屬改變形狀。

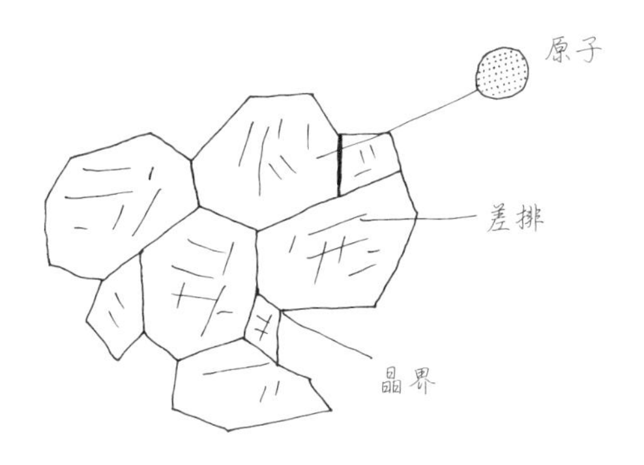

在這張簡圖中我只畫了幾個差排，方便讀者想像。一般金屬內的差排數量驚人，而且會重疊交錯。

你不必用到鎚子就能感受差排的力量。當你拗迴紋針時，就是把金屬結晶弄彎，要是結晶不彎，迴紋針就會像木棍一樣碎裂折斷。金屬的可塑性來自差排在結晶內的移動。差排移動會帶著微量的這個物質，以超音速從結晶的一側移向另一側。換句話說，當你拗彎迴紋針，裡面有將近100,000,000,000,000 個差排以每秒數千公尺的速度移動。雖然每個差排只移動一小塊結晶（相當於一個原子面），但已經足以讓結晶成為超級可塑形的物質，而非易碎的岩石了。

金屬的熔點代表晶體內原子鍵結的強度，也代表差排容不容易移動。鉛的熔點不高，因此差排移動容易，使得鉛非常柔軟。銅的熔點較高，因此也較堅硬。加熱會讓差排移動，重新排列組合，結果之一就是讓金屬變軟。

對史前人類來說，發現金屬是劃時代的一刻，但金屬數量不多的基本問題仍沒有解決。其中一個解決方法，是等天上掉下更多隕石來，但這麼做需要很有耐心。每年約有幾公斤的隕石掉落地球，但大多數都落入了海中。後來有人發現一件事，這個發現不僅終結了石器時代，更開啟一扇大門，讓人類獲得一樣似乎永不匱竭的物質：他們發現有一種綠色石頭，只要放進熱焰裡再覆以火紅的灰燼，就會變成發亮的金屬。我們現在知道這種綠色石頭是孔雀石，而發亮的金屬當然就是銅。對我們的老祖先來說，這肯定是最神奇的發現，遍布四周的不再是毫無生氣的岩石，而是擁有內在生命的神祕物質。

我們的老祖先只能對孔雀石等少數幾種岩石施展這種魔法，因為要有效的把石頭轉變成金屬，不僅得先認出正確的岩石，還要仔細控制它的化學狀態。但就算某些石頭無論加熱到多高溫度都還是頑石，絲毫沒有轉變，我們的老祖先肯定還是覺得這些石頭藏有神奇的奧祕。他們猜得沒錯。加熱法適用於提煉許多礦物，只是那是幾千年後的事了，在人類了解其中的化學原理，知道如何控制岩石和氣體之間，在火焰中進行的化學反應之後，熔融法才真正有了新的突破。

沒有銅金屬，就沒有金字塔

大約從西元前5000年起，我們的老祖先便不斷嘗試錯誤，精進煉銅技術。銅製器具不僅促成了人類科技的突飛猛進，還催生了其他技術，以及城市和第一波人類文明的出現。埃及金字塔就是銅製器具大量應用的結果。建造金字塔用的岩石都是從礦場挖出來，再用銅鑿子一塊塊削成固定大小。據估計，古埃及人挖掘了大約一萬噸銅礦，製造出三十萬把銅鑿子。這是空前的成就。

少了金屬工具，就算召集再多奴隸也蓋不出金字塔。尤其銅鑿子因為硬度不夠，並不適合鑿切岩石，拿來敲打石灰石很快就會變鈍，使得這項成就更顯得了不起。專家估計，銅鑿子每敲幾下就得重新磨利才能繼續使用。銅不適合做刮鬍刀也是同樣的道理。

金也是硬度較低的金屬，因此戒指很少用純金製作，否則很快就會刮壞。但只要加入百分之幾的其他金屬（例如銀或銅）來形成合金，就會改變金的顏色：銀會讓金變白，銅會讓金變紅，不僅如此，形成的合金還會比純金硬，而且硬上許多。金屬只要摻入少量物質就會改變性質，這是研究金屬的樂趣所在。

以金銀合金為例，你可能好奇銀原子到哪裡去了。答案是，銀原子就嵌在金塊的晶格裡，占去一個金原子的位置。正是因為銀原子的取而代之，金子才會變硬。

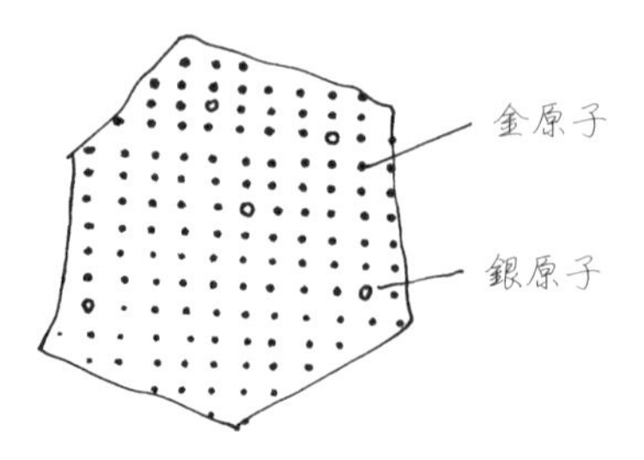

金銀合金的原子結構圖，銀原子取代了結晶內的部分金原子。

合金通常比純金屬堅硬，原因很簡單：外來原子的大小和化學性質，都跟原本的金屬原子不同。因此嵌入後會擾動原本金屬結晶的物理和電子結構，產生一個關鍵後果——讓差排更難移動。差排更難移動，結晶形狀就更難改變，金屬也就更堅硬。因此，製造合金就成為防止差排移動的一門技藝。

在自然界中，其他結晶裡也會發生原子取代。純氧化鋁結晶是透明的，但只要其中含有鐵原子就會變成藍色，也就成為俗稱的藍寶石。同理，純氧化鋁結晶包含了鉻原子也會變色，成為紅寶石。

從黃銅時代、青銅時代到鐵器時代，在文明不斷發展中，合金也愈來愈堅硬。黃銅很軟，屬於天然礦產，而且容易熔冶。青銅比黃銅堅硬許多，是銅的合金，含有少量的錫，偶爾還包括砷。因此，如果手上有黃銅又知道方法，只需要一點工夫就能做出強度和硬度都比黃銅高十倍的武器和剃刀。唯一的麻煩是錫和砷非常稀有。青銅時代的人開發了許多精心找出的貿易路線，從康瓦爾和阿富汗等地運送錫礦到中東各文明的中心，就是為了這個目的。

鋼是謎樣物質

我告訴布萊恩，現代剃刀也是合金製成的，而且是一種非常特別的合金，我們的祖先花了幾千年還是不了解它——它就是鋼。鋼是加了碳的鐵，比青銅還硬，而且成分一點也不稀有。幾乎每塊岩石都含鐵，而碳更是生火的燃料。我們的祖先不知道鋼是合金，更不知道以木炭形式出現的碳，不只是加熱和鍛造鐵的燃料，還能嵌入鐵晶體裡。碳在加熱黃銅時不會產生這種現象，加熱錫和青銅時也不會，只有對鐵會如此。我們的祖先一定覺得這現象非常神祕，我們也是在學會了量子力學後，才明白背後的道理。鋼裡的碳原子並未取代晶格內的鐵原子，而是擠在鐵原子之間，把結晶拉長。

還有一個麻煩：要是鐵裡摻了太多碳，例如比例達到百分之四而非百分之一，形成的鋼就會極為易碎，根本無法用來製作工具和武器。這會是很大的麻煩，因為火裡的含碳量通常不低，鐵加熱太久甚至液化後，結晶內就會摻入大量的碳，形成易碎的合金。高碳鋼製成的刀劍在戰鬥中很容易折斷。

一直到二十世紀，人類在徹底掌握合金形成的原理後，才明白為什麼有些煉鋼法行得通，有些不行。過去的人只能靠著嘗試錯誤，找出成功的煉鋼法，然後代代相傳，而且這些方法往往是行內機密。但這些不外傳的方法實在太過複雜，因此就算遭竊取，成功複製的機率也非常低。某些地區的冶金技術非常聞名，可以製造出高品質的鋼，當地文明也因而發達。

鋼鐵是珍貴軍事力量

1961年，牛津大學的李齊蒙（Ian Richmond）教授發現了一處古羅馬坑洞，這坑洞大約是西元89年時挖掘的，裡頭埋了763,840根兩英寸長的小釘子、85,128根中釘子、25,088根大釘子和1,344根十六英寸長的超大釘子。所有的釘子都由鐵和鋼製成，而不是純金，大多數人應該都對此滿失望的，但李齊蒙教授並不會，他一心追問：古羅馬軍團為什麼要掩埋7噸的鋼和鐵？

古羅馬軍團當時在蘇格蘭一處名叫英赫圖梯（Inchtuthil）的地方，駐紮在阿古利可拉將軍建築的前進碉堡裡。英赫圖梯位於古羅馬帝國的邊界，軍團的任務是捍衛邊疆，不讓他們視為蠻夷的凱爾特人進犯。

這支軍團在當地駐紮了六年才撤離，同時並遺棄了碉堡。撤退前他們想方設法不留下任何有利於敵人的東西，因此銷毀了所有糧食和飲水容器，還放火把碉堡夷為平地。但他們還不滿意，因為碉堡灰燼中有鐵釘殘留，鐵釘太過珍貴，不能讓凱爾特人挖走。古羅馬就是靠著鐵和鋼打造了灌溉渠道、船隻與刀劍，從而建立了帝國。把鐵釘留給敵人，等於奉送對方武器，因此他們在南撤之前挖了一個大坑，把鐵釘都埋起來。除了武器和盔甲，他們可能還帶走了一些小鐵器，包括代表古羅馬文明巔峰的「諾瓦齊力」，也就是剃刀。靠著諾瓦齊力和手握剃刀的理髮師，這群古羅馬軍人得以儀容整齊、不帶鬍髭的班師回朝，不跟趕走他們的蠻族混為一談。

煉鋼有如謎團難以把握，許多傳奇因之而起，而不列顛在古羅馬軍團撤退後的統一及復興，更與其中一則永恆傳奇脫不了關係，那就是亞瑟王的王者之劍。據傳那把劍具有魔力，誰擁有它就能統治不列顛。由於當時的刀劍經常折斷，讓武士在戰場上因手無寸鐵而無法自衛，不難理解一把高品質的鋼劍為何能成為文明戰勝野蠻的象徵。因此，煉鋼過程當然高度的儀式化，而這也解釋了古人為何覺得鋼鐵具有魔力。

這情況在日本最為明顯。鑄造武士刀不僅需要數星期的時間，而且還是一種虔誠的儀式。天叢雲劍是日本名劍，武尊倭建命靠著它呼風喚雨，擊敗敵人。雖然故事中摻雜了許多幻想故事與儀式，但某些刀劍能比其他武器更硬、更利十倍，卻不是神話而是事實。十五世紀時，日本武士製作的鋼刃已經獨步全球，而且稱霸世界五百多年，直到二十世紀冶金科學大幅躍進才被超越。

武士刀完成不可能任務

武士刀使用的特殊鋼材稱為玉鋼，是由太平洋火山鐵砂製成的。這些鐵砂的主要成分為磁鐵礦，是製作指南針的材料。煉造玉鋼的土爐稱為「吹爐」，寬、高各1.2公尺，長3.6公尺。首先在吹爐裡「點火」，讓黏土變硬，成為陶瓷，接著再仔細鋪上數層鐵砂和黑炭，讓它們在吹爐裡燜燒。整個過程大約費時一週，需要四到五人輪流照看，並用風箱把空氣灌入爐內，確保爐火溫度夠高。最後工匠會把瓷爐敲碎，從灰燼和殘餘的鐵砂及炭屑中取出玉鋼。這些鋼料的顏色晦暗，非常粗糙，但特點是含碳量的範圍很廣，有些很低，有些很高。

日本武士工匠的創新之處在於有能力分辨高碳鋼和低碳鋼，前者硬而易碎，後者軟而強韌。工匠完全憑藉外觀、觸感和撞擊時的聲音來判斷兩者。一旦分類完成，他們就用低碳鋼製作刀身，讓刀非常強韌，甚至有彈性，在打鬥中不會輕易折斷。至於刀鋒則使用高碳鋼來製造，它雖然易碎但非常堅硬，因此可以磨得極為銳利。工匠用銳利的高碳鋼包覆強韌的低碳鋼，以此完成了許多人眼中的不可能任務，製作出的武士刀，禁得起與其他刀劍對砍、耐得住和盔甲碰撞，且常保峰利，能輕鬆斬人首級。這種武士刀是兩全其美的最佳武器。

人類直到工業革命，才有能力製造出比武士刀更強且更硬的鋼料。這一回輪到歐洲國家開始進行更大、更誇張的工程，例如建造鐵路、橋樑和船艦，而他們使用的材料是鑄鐵，因為鑄鐵可以大量製造，並使用模具鑄形。只可惜鑄鐵在某些狀況下非常容易破裂。由於工程愈來愈宏大，使得破裂意外愈來愈常發生。

最嚴重的一次意外發生在蘇格蘭。1879年12月28日晚上，全球最長的鐵道橋，泰河橋突然被冬季強風吹垮，致使載有七十五名乘客的客運火車墜入泰河，所有人均不幸罹難。這場災難證實了許多人先前的疑慮：鑄鐵不適合興建橋樑。現在不僅需要做出和武士刀一樣強韌的鋼材，而且必須能大量製造。

貝瑟摩法掀起工業革命

英國科學促進會在某日開會時，一位名叫貝瑟摩（Henry Bessemer）的工程師起身發言，說他做到了前述的要求。這位來自雪菲德郡的工程師宣稱，他可以製造鋼水，而且方法不像日本武士的那麼複雜。一場革命就此蓄勢待發。

貝瑟摩法非常簡單，簡直天才到了極點。他把空氣灌入熔鐵，讓空氣中的氧和鐵裡的碳發生化學反應形成二氧化碳，以此把碳帶走。這方法需要有化學知識才想得到，這使得煉鋼頭一次成為科學事業。此外，氧和碳的化學反應非常劇烈，會釋出大量熱能，讓爐內溫度升高，使鋼保持滾燙並呈現液態。這套方法直截了當又可以工業量產，正是我們想要的答案。

貝瑟摩法只有一個問題，就是它不管用，至少試過的人都這麼說。氣憤的鋼鐵製造商很快開始嚷著退錢，他們向貝瑟摩買下使用權，投下大筆資金購買設備，結果血本無歸。貝瑟摩毫無辦法。他其實也搞不清楚他的方法為何有時管用，有時無效。不過他還是繼續嘗試，並且在英國冶金家馬希特（Robert Forester Mushet）的協助下努力改良他的方法。貝瑟摩的原始步驟是移除碳到殘留量正確為止，也就是剩下大約百分之一的碳。但這個做法很危險，因為每家煉鋼廠購買的鐵礦來源不同。因此，馬希特建議先移除全部的碳，然後再把百分之一的碳摻回。這方法管用了，而且可以再現。

貝瑟摩試著推銷他的新方法，然而鋼鐵製造商這回完全不理他，以為這又是騙局一場。他們堅稱不可能用鐵水煉鋼，宣稱貝瑟摩是大騙子。貝瑟摩最後別無選擇，只好自己開設煉鋼廠。幾年後，貝瑟摩鋼鐵公司製造出的鋼鐵比競爭對手便宜許多，產量更是驚人，逼得對手只好向他購買使用權。從此貝瑟摩富賈一方，機器時代也自此正式到來。

布萊恩會是貝瑟摩第二嗎？他會不會碰巧發現了一個可以運用磁場或電場重組刀鋒結晶結構的方法，雖然他不知其所以然，但卻非常管用呢？畢竟我們聽過太多嘲笑先知，結果卻自取其辱的故事。許多人都笑說，比空氣重的機器怎麼可能在天上飛，但我們現在都搭飛機到處跑。電視、手機和電腦的構想也都曾遭人奚落。

不再夜夜磨刀

二十世紀之前，鋼刃和手術刀都非常昂貴，必須手工製作，而且要用最高級的鋼材，因為只有如此才能把刀磨得夠利，輕鬆刮淨鬍子而不會勾到鬍根。只要曾用過鈍掉的刮鬍刀，一定知道即使只是微微勾到鬍根，就會造成多大的痛楚。鋼接觸到空氣和水會鏽蝕，因此用水清潔刀鋒會讓銳利的尖端鏽掉，使刀刃變鈍。幾千年來，刮鬍子的儀式都是從「磨刀」開始，先拿著剃鬍刀在皮革上來回磨動。你可能覺得皮革那麼軟，不可能把刀磨利。沒錯，真正把刀磨利的是沾在皮革上的細石粉。傳統上是用名為「鐵丹」的氧化鐵礦物，但現在比較常用鑽石粉。把鋼製刀刃在皮革上來回磨動時，刀鋒會和極硬的鑽石粉接觸，使得少量金屬被磨掉，讓刀鋒重現鋒利。

然而，1903年有一個人改變了這一切。他的名字叫吉列（King Camp Gillette），是美國商人。吉列決定採用貝瑟摩法製造的廉價工業用鋼來製作拋棄式刀刃，好讓男人都能輕鬆刮鬍子。他的想法是，只要刮鬍刀夠便宜，鈍了直接扔掉，就再也不必磨刀了。

1903年，吉列賣出了51把刮鬍刀和168枚刀片，隔年變為90,884把刮鬍刀和123,648枚刀片。到了1915年，他的公司已經在美國、加拿大、英格蘭、法國和德國設廠，售出的刀片超過七千萬枚。一旦男人不再需要到理髮院刮鬍子，拋棄式刀片就成了家家浴室必備的物品，直到現在依然如此。儘管目前有許多人發起各項運動，鼓吹食品製造回歸根本，卻從來沒有人呼籲我們，重新用黃銅剪刀理髮或用鈍掉的刀片刮鬍子。

誤打誤撞不鏽鋼

吉列的生意算盤打得很好，原因很多。最明顯的一個就是，即使刀片沒有因為刮鬍子而變鈍，也會由於生鏽而很快失去鋒利，讓他永遠有生意可做。但這個故事還有一個轉折，其中包含了一個簡單到極點的創新，非得靠意外才能發現。

1913年，歐洲列強忙著整軍經武面對第一次世界大戰，布瑞利（Harry Brearley）受雇鑽研合金，以便改良槍管。他在英國雪菲德郡一間冶金實驗室工作，把不同的元素摻入鋼裡來模鑄槍管，再用機械測試硬度。布瑞利知道鋼是碳和鐵的合金，也曉得還有許多元素也能加進鐵裡，用來加強或減弱鐵的性質，但沒有人知道原因為何。於是他開始嘗試錯誤，把鐵熔解後加入各種成分，以觀察效果。比方說他某一天用鋁來試驗，隔天就用鎳，以此類推。

布瑞利毫無進展。新鑄的槍管如果不夠硬，他就扔到角落。他的靈光乍現發生在一個月後。那天他經過實驗室，發現那堆生鏽的槍管裡有東西在閃閃發亮。他沒有置之不理，反而打消去酒吧的念頭，找出那根沒生鏽的槍管，立刻明白了它的重要性。他手上拿的是世界上第一塊不鏽鋼。

布瑞利摻入的兩種成分是碳和鉻，因為比例剛好，意外創造出非常特別的結晶結構，讓碳原子和鉻原子同時嵌入鐵晶體內。鉻沒有讓鐵變硬，所以他把摻鉻的槍管扔了，但沒想到鉻產生的效用更有趣。鋼接觸到空氣和水時，通常會在表面發生化學反應，形成氧化鐵，也就是俗稱鐵鏽的紅色礦物質。鐵鏽剝落後，新的鋼面又會受空氣和水侵蝕，使得生鏽成為鋼鐵的痼疾，因此鐵橋和車子才要上漆防鏽。但摻了鉻就不同了。鉻很像某些特別有禮貌的客人，氧氣還沒碰到主人鐵原子，鉻就搶著先跟它反應形成氧化鉻。氧化鉻是透明堅硬的礦物質，對鐵的附著力極強。換句話說，它不會剝落，從外表又看不見，有如一道隱形的化學保護膜把鋼鐵完全包住。除此之外，我們現在還知道這層膜會自我修復，也就是即使不鏽鋼的表面磨到了，使保護膜遭到破壞，它也會自行復原。

布瑞利開始製作全世界第一把不鏽鋼刀，但立刻遇到困難。含鉻的鋼不夠堅硬，無法磨利，很快就遭戲稱為「什麼都不能切的刀」。畢竟布瑞利一開始捨棄了它，沒拿它來做槍管，就是因為它不夠硬。但含鉻的鋼雖然硬度不足，卻讓它因此具備別的長處，只不過這長處到很後來才有人發掘，那就是它可以扳成複雜的形狀。這讓它成為英國雕塑史上最具影響力的作品，幾乎遍布所有家庭：那就是廚房的水槽。

不鏽鋼水槽既強韌又閃亮，而且似乎丟什麼給它都無妨。在這個但求以迅速方便的方法來去除廢棄物和髒汙的年代，不管丟入的是油脂、漂白水或強酸，不鏽鋼真的百毒不侵。它已經把陶瓷水槽趕出廚房，而只要我們點頭，它也樂於取代浴室裡的陶瓷馬桶。只不過我們對這種新材質還不夠信任，仍不敢把最私密的廢棄物交給它。

不鏽鋼是現代世界的縮影。它的外表乾淨明亮，感覺堅不可摧卻又非常親民，才出現短短一百年，就已經成為我們最熟悉的金屬。畢竟我們每天都會把它放到嘴裡：布瑞利最後用不鏽鋼做成餐具。氧化鉻在鐵的表面形成的透明保護膜，讓舌頭永遠碰不到鐵，唾液無法跟金屬反應，使得湯匙嘗起來沒有味道，於是人類從此再也不會受到餐具味道的干擾。不鏽鋼經常出現在建築和藝術裡，原因是它光亮的表面似乎永不褪色。英國雕塑家安尼施．卡普爾（Anish Kapoor）在芝加哥千禧公園的作品「雲門」就是絕佳的例子。不鏽鋼反映了我們對現代生活的感受：俐落明快，並且能對抗骯髒、汙穢與混亂。不鏽鋼反映出，我們如它一般強韌不屈。

冶金家為了解決不鏽鋼刀具的硬度問題，誤打誤撞解決了剃刀生鏽的毛病，創造出有史以來最鋒利的刀刃，進而改變了無數人的面容與肌膚。只是刮鬍子成為在家也能做的事情後，街頭混混也意外多了一種新武器，就是便宜耐用的刀片，而且非常鋒利，能夠一口氣劃破皮革、羊毛、棉布和皮膚。關於這點我比誰都要清楚……

我一邊想著這些，一邊跟布萊恩談論他新發明的不鏽鋼刀片磨刀法。既然堅硬強韌、尖銳鋒利、無懼水和空氣侵蝕的不鏽鋼，也是從幾千年的嘗試錯誤中創造出來的，那麼某個沒有科學背景的傢伙，無意間發現磨利刀片的新方法也就似乎不無可能了。微觀下的物質世界如此複雜和巨大，我們只探索了其中一小部分。

那天晚上離開酒吧時，布萊恩和我握手道別，說他會再跟我聯絡。在昏黃的鈉光路燈下，他一拐一拐走在街上，忽然轉身醉醺醺大吼：「不鏽鋼大神萬歲！」我想布萊恩指的是希臘神祇赫菲斯托斯。祂掌管金屬、火與火山，形象是工房裡的鐵匠。赫菲斯托斯身體殘缺畸形，原因可能是砷中毒，因為當時的鐵匠熔煉青銅時，會接觸到大量的砷，所以常有這個毛病，而且除了跛腳還會罹患皮膚癌。我回頭望著布萊恩搖搖晃晃走在街上，想起他的枴杖和紅臉，不禁懷疑他到底是誰。

2
值得信賴的紙

紙在我們日常生活中太普遍了，讓人很容易忘記在人類歷史上大多數的時候，紙都是稀有的奢侈品。我們早晨醒來睜眼就會看見牆上有紙，也許是海報或印刷品，甚至就是壁紙。我們走進浴室執行晨間的例行公事，通常會用上幾張衛生紙。這東西要是沒了，可是會立刻變成大危機。我們走到廚房，紙以五顏六色的盒子出現在這裡，不只裝著我們早餐吃的燕麥片，還充當響板，哼著快樂的早安曲。我們的果汁也裝在上蠟的紙盒裡，牛奶亦然。茶葉裝在紙袋裡，這樣才能用熱水沖浸，而且容易從熱水中取出。過濾咖啡用的也是紙。

早餐過後，我們或許會出門迎向世界，但此時很少不帶著紙做的鈔票、筆記、書本和雜誌。就算沒有帶紙出門，我們也很快會拿到：紙做的車票、報紙、零食包裝，還有買東西的發票。大多數人的工作都會用到大量的紙，雖然一直有人提倡無紙運動，可是從來沒有形成風潮，而只要我們還信賴紙張，拿它來儲藏信息，無紙環境就沒有實現的一天。

午餐會用到紙巾，少了它，個人衛生就會嚴重惡化。商店裡到處都是紙標籤，少了它，我們就不知道自己買了什麼、價格多少。我們買的東西通常都會裝在紙袋裡，讓我們輕鬆帶回家。到家後，我們有時會用包裝紙把買來的東西包好當成生日禮物，附上一張紙做的生日卡片，並用紙做的信封裝好。在派對上拍了照，我們偶爾會用相紙沖印出來，創造可留存的回憶。上床前，我們會讀讀書、擤擤鼻子，最後再上一次廁所，跟衛生紙肌膚相親互道晚安，然後沉入夢鄉（搞不好會做惡夢，夢到世界上突然沒有紙了）。所以，紙這東西我們現在習以為常，但它到底是什麼？

化身為筆記紙

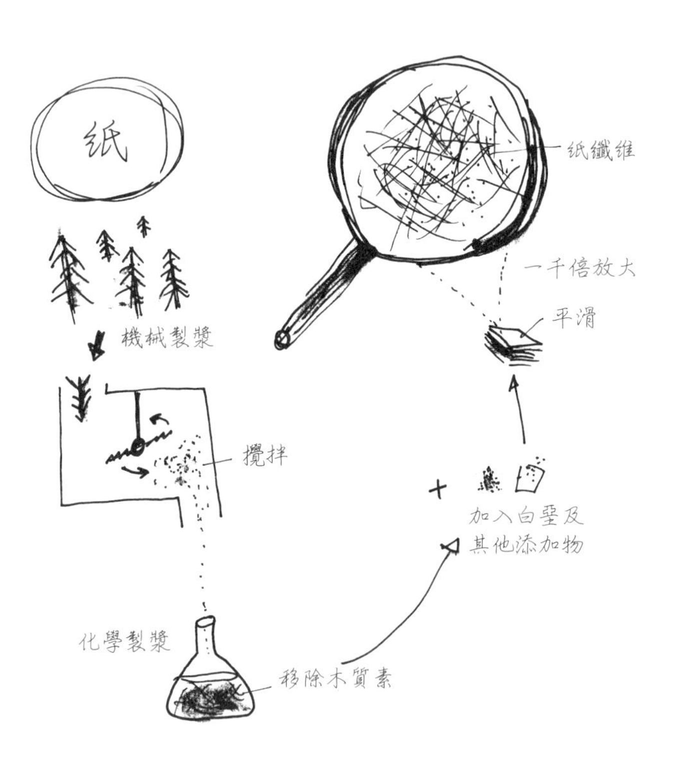

我在筆記本上畫的製紙基本流程草圖。

雖然筆記紙看起來平整、光滑、毫無縫隙，不過這只是假象。紙其實是由一大群極微小的纖維壓疊而成的，就像乾草堆那樣。我們感覺不到它的複雜結構，是因為紙在微尺度下加工過，所以觸感上摸不出來。我們覺得紙很光滑，就和我們從太空中看地球覺得地球很圓，近看才發現滿是山巒谷地一樣。

大多數的紙張都來自於樹木。樹能昂揚挺立，靠的是纖維素，這是用顯微鏡才看得見的細小纖維。纖維素憑藉稱為木質素的有機黏著劑相互接合，形成極為堅硬強韌的複合體，可以留存數百年。要把木質素去除，萃取出纖維素並不容易，感覺很像拔掉黏在頭髮上的口香糖。這個程序稱為「去木質素」，是把木材壓成碎片再摻入多種化學物質，然後用高溫高壓烹煮，以打斷木質素內的鍵結，釋出纖維素。這程序一旦完成，剩下的纖維就稱為木漿，也就是液態木材，在顯微鏡底下看起來，有點像泡在稀薄醬料裡的義大利麵。把木漿放在平坦的表面上晾乾，就會得到紙張。

初步完成的紙是棕色的，而且非常粗糙。要讓它變得白皙光滑，我們需要使用化學漂白劑，並加入細緻的白粉，例如稱為白堊的碳酸鈣。接著還要加上其他塗料，以防墨水一沾到紙就滲進纖維裡暈開。理想上，墨水應該在稍微滲入紙面後隨即乾涸，讓有色分子固定在筆記紙的纖維網絡裡，留下永久的痕跡。

書寫紙的重要性難以估計。製紙技術已經有兩千年之久，複雜的製紙過程必然要從我們眼前消失不見。因為唯有如此，我們才不會受紙張的微觀精妙所震懾吸引，而只會看到一張白紙，等著讓我們在上頭記下心中的所思所想。

保存紀錄

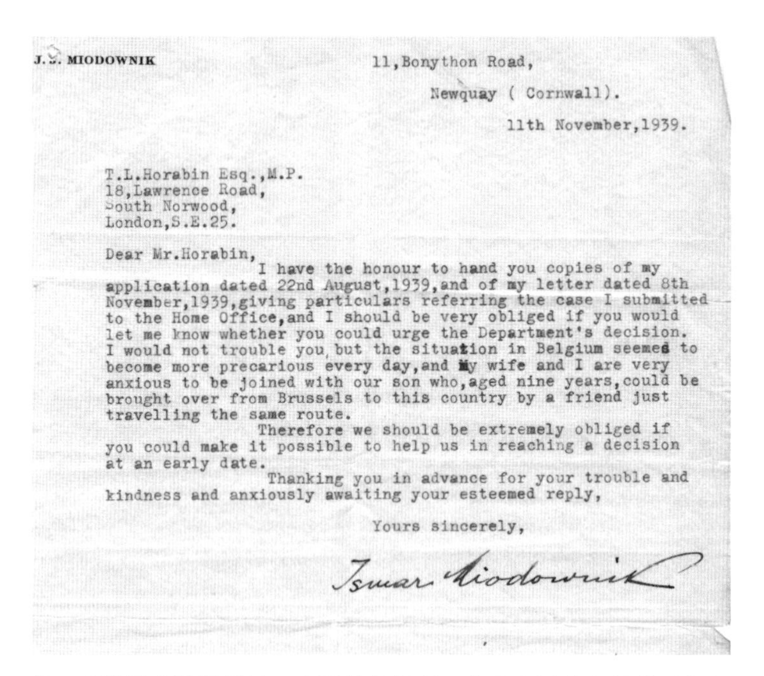

J. S. MIODOWNIK

11, Bonython Road,
Newquay (Cornwall).
11th November, 1939.

T.L.Horabin Esq., M.P.
18, Lawrence Road,
South Norwood,
London, S.E.25.

Dear Mr.Horabin,
I have the honour to hand you copies of my application dated 22nd August, 1939, and of my letter dated 8th November, 1939, giving particulars referring the case I submitted to the Home Office, and I should be very obliged if you would let me know whether you could urge the Department's decision. I would not trouble you, but the situation in Belgium seemed to become more precarious every day, and my wife and I are very anxious to be joined with our son who, aged nine years, could be brought over from Brussels to this country by a friend just travelling the same route.
Therefore we should be extremely obliged if you could make it possible to help us in reaching a decision at an early date.
Thanking you in advance for your trouble and kindness and anxiously awaiting your esteemed reply,

Yours sincerely,

Ismar Miodownik

第二次世界大戰爆發後，我祖父伊斯瑪．米奧多尼克寫給英國內政部的信件副本。

第二次世界大戰爆發時，我祖父人在德國。我小時候最愛聽他講當時的經歷，但如今他已不在人世，只剩下一些手稿與文件能訴說往事了。親手掌握史料的感覺非常特別，例如我手上這封祖父寫給英國內政部的信。他擔心德國入侵，因此寫信希望能讓我父親盡快離開比利時。

紙放久了會變黃有兩個原因。如果是用廉價的低階機械紙漿製成的紙，裡頭仍帶有一些木質素。木質素遇到光會和氧發生化學作用，形成發色基，也就是顏色載體，只要濃度增加就會讓紙發黃。這種紙通常用來製造廉價的拋棄式紙製品，報紙受光照射後會迅速泛黃就是這個道理。

以前的人經常會在紙上塗抹一層硫酸鋁，好讓紙更光滑。硫酸鋁的主要用途是淨水，但在製紙過程中使用卻會形成酸性，導致紙纖維和氫離子反應，使紙張發黃，並且讓紙更脆弱。十九和二十世紀有大量的書是以這種「酸紙」製成的，這類的書在書店和圖書館裡很容易認出來，只要看紙呈淺黃色就知道了。其實就連無酸紙也會老化泛黃，只是速度較慢罷了。

紙的老化還會生成數種容易揮發的揮發性有機分子，讓古書和舊紙發出味道。目前圖書館會主動研究這些味道背後的化學成因，看能不能用這些知識來監控、保護大量的藏書。雖然書的味道代表朽壞，許多人卻覺得這氣味相當好聞。

紙會泛黃和分解很令人困擾，但就和其他古物一樣，歲月的痕跡也為紙添加了權威與力量。舊紙張的味道、色澤與觸感讓人一下子就能回到往昔，於是也成為通向過去世界的大道。

印成相紙

我祖父為了兒子向英國內政部請願，結果成功了。上圖就是他的成果：我父親的德國身分證。1939年12月4日，我父親離開布魯塞爾時，移民局官員在他的身分證上蓋了戳印。我父親當時才九歲，相片裡的他似乎一點也沒發現大難將至。隔年5月，德國入侵比利時。

相紙對人類文化影響深遠，規模難以估計。它提供了一種可標準化的身分認證方式，成為辨認我們容貌的最終依據，甚至能定義我們到底是誰。相片的獨斷權威來自它（看似）大公無私的特質，而這要歸功於它捕捉影像的方式。這個方式能成又是因為紙：反射光和紙裡的化學物質反應，自動記下你臉龐的亮部與暗影，使得形成的影像毫無偏私。

我父親的這張黑白相片原本只是一張白紙，上頭塗了一層細緻的凝膠，成分為溴化銀和氯化銀分子。1939年，從我父親身上反射的光穿過相機鏡頭落在相紙上，把溴化銀和氯化銀分子變成微小的銀結晶，在相紙上形成灰斑。倘若這時把相紙移出相機外，我父親的影像會消失不見。這是因為原本沒有影像的白色區域會大量曝光，並立刻發生反應，相紙會全部黑掉。為了預防這一點，相片要在暗房裡用化學藥劑「定影」，把未反應的鹵化銀從相紙上洗掉。再經過烘乾和處理後，我父親的影像就此定形，讓他（而不是其他男孩）順利躲過集中營的厄運。

我父親依然健在，尚能親口敘述這段往事，但終有一天只會剩下這張相片供我們回憶那段時光。這張相片是一則看得見、摸得著的歷史片段，記錄著我們共同的回憶。當然，相片不是毫無偏頗，但回憶也好不到哪裡。

印製成書

我家裡的書架。把書擺出來，不只會成就書房，更能訴說這個人是誰。

口傳文化靠故事、詩歌與學徒制傳遞知識，書寫文化則以文字為主。由於缺乏合適的書寫媒介，使得口傳文化演變為書寫文化的時間推遲了數百年。我們的老祖先曾經用過石板和泥板，但石板和泥板容易斷裂，而且笨重不易攜帶；木板一扳就斷，而且在不少狀況下會剝蝕朽爛；壁畫無法攜帶，而且受空間限制。紙據說是中國的四大發明之一，它的出現解決了所有問題。但一直要到羅馬人捨棄卷軸改用抄本，即現在稱為「書」的東西，紙的潛能才徹底發揮。轉眼兩千多年過去，白紙黑字依然是人類書寫的主要方式。

紙比石頭或木材柔軟得多，它能成為書寫文字的守護者是材料史上值得一書的大事。事實證明，紙張的薄是它勝出的一大關鍵，因為薄，讓紙有可塑性，可以多次加工，但堆疊成書後又非常堅硬和強韌，根本是改良版的木簡和木牘。只要加上硬殼封面，書就成為文字的碉堡，可以守護文字幾千年。

羅馬「抄本」是把成疊的紙以單一書脊裝訂成冊，再加裝前後封面。這種做法勝過卷軸之處，在於紙的正反兩面都能寫字，可以逐頁閱讀不會中斷。有些地區則採用屏風裝訂，把一張紙反覆折疊成冊，也有同樣的好處。不過，抄本的長處在於它是單頁集合成冊的，可以把一本書拆給多位抄寫員同時作業，印刷術發明之後更是能同時大量製作某一本書。而生物學已經告訴我們，保存資訊最有效的方法就是快速複製。

據說《聖經》是第一本以這種方式製作的書。抄本非常適合基督教的傳道者，因為他們可以直接用頁碼在抄本上標注相關段落，不必費勁看完整個卷軸。抄本是數位時代之前的「隨取記憶」，甚至永遠不會遭數位媒介取代。

變身為包裝紙

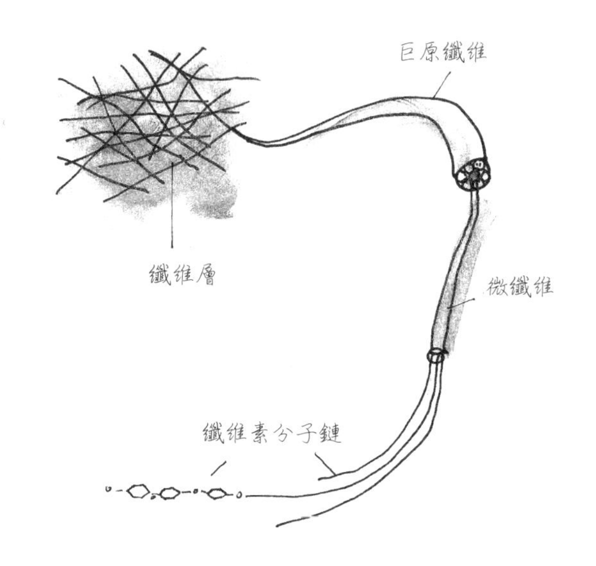

紙基本上是壓實的纖維層。

紙不僅方便保存資訊，還善於化為物品的外包裝，把東西掩藏其中。有什麼比包裝紙更能創造興奮和期待感？少了它，生日派對真不知道會乏味多少！我收過用布包裝的禮物，還有人把禮物藏在櫃子裡，但都比不上包裝紙的魅力。少了包裝紙的禮物就不是禮物了。包裝紙把東西先藏再露，成就了贈送的儀式，讓物品搖身化為禮物。是紙的基本特性使它成為最適合的材料，而不只是因為文化和習俗。

紙有非常適合凹摺與彎曲的力學構造。大力摺紙會讓該部位的纖維素纖維斷裂，產生永久的彎摺，但仍有足夠的纖維沒有受損，使得紙張不至於撕開或斷裂。這種情況下，紙其實還是很難撕裂，但只要摺痕邊稍有破口，出現小小的施力點，很容易就能沿著摺痕輕鬆撕開。這兩項特點讓紙可以凹摺成任何形狀，幾乎其他沒有材質可以媲美，也促成了摺紙藝術的出現。金屬箔膜可以摺出摺痕，但不是很好弄；塑膠板除非夠軟，否則無法保持摺痕，但太軟了又會失去包裝東西所需的剛性，無法定形。正是由於紙能維持彎摺又可以定形，使得它成為包裝禮物的完美選擇。

用紙包裝禮物俐落又光鮮，凸顯了禮物的嶄新與價值。它夠強韌，能在運送途中保護禮物，又夠好撕，連小寶寶也扯得開。撕開包裝紙的那一刻，禮物瞬間從祕密變成了驚喜。拆禮物就和出生一樣，讓東西有了新的生命。

以收據或發票呈現

MARKS &
SPENCER

Marks & Spencer plc
Unit 21, Building 3,
90, Southwark Street,
London SE1 0HX
Tel: 020 7633 0068
VAT No: 232 1288 92

		£
00740173	S/WOLD DARK ALE	2.39DISC
00740173	S/WOLD DARK ALE	2.39DISC
00561105	NORFOLK BITTER	2.39DISC
00788175	BUB SWISS MILK	1.29
00647458	VEGETABLE CURRY	2.59
00160919	LAMB ROGAN JOSH	4.19
00578806	BRAEBURN BAG	2.39
00342506	*ENGLISH BUTTER	1.15
00626460	*SCOT SPRK 1.5L	0.43

Total before saving 19.21

Wines buy 3 save 10%
10% Discount 0.72-

Balance to pay 9 items 18.49

Card tendered 18.49

MASTERCARD
CARD: ************3499 EXPIRY: 04/13
REF: 11-8420/17058209/0413/1 AUTH: 228227
AID: A0000000041010 READ: ICC
Cardholder PIN Verified

06/05/11 20:00 17058209 8420 011 0134

Please retain for your records

614 095 0330 7665 5314

這是2011年我兒子拉茲洛出生前三天，我去馬莎百貨購物後拿到的發票。我老婆露比這一胎懷得很辛苦。她懷孕時很想喝啤酒卻不能喝，所以逼我替她喝。有時她實在太想喝了，我一晚上就得幹掉三罐啤酒（附圖的發票就是證明），而且我每喝一口，她都會在旁邊滿臉渴望又怨懟的瞪著我。

拉茲洛幾乎要提早兩週出生，但不曉得為什麼，生產時就是不肯從娘胎裡出來。我們在醫院撐了二十四個小時，結果還是被請回家，院方建議露比吃一點熱咖哩讓拉茲洛早點出來。兩週後，每天晚上都買咖哩已經讓我們有點膩了。我記得我們最喜歡印度羊肉咖哩，那天晚上又是點它。我們的想法是吃辣可能會讓拉茲洛難受，決定早點出生，但我覺得猛吃同樣的菜其實苦的是我和露比——對了，拉茲洛現在兩歲，很愛吃辣。

雖然這張發票喚起了一段不太舒服的往事，我還是很高興留著它，因為它捕捉了相片甚至日記都無法保留的另一種親密感。少了這張發票，這些日常生活中看似瑣碎的細節就可能消失無蹤。可惜等不到小拉茲洛長大自己來讀它，發票已經開始褪色了。這是因為感熱紙上的字不是用墨水印出，而是由紙上預塗的酸劑和「無色」染料作用來的，只要紙張受熱，酸和無色染料就會發生反應，使染料變黑。有了這項精巧的紙張設計，機器就永遠不會斷墨。不過，變黑的染料放久了又會回復透明，使字跡變淡，湮滅掉我們曾經餐餐以咖哩配啤酒的證據。儘管如此，馬莎百貨還是好心建議我們「請保存發票」，而我也乖乖照辦。

靈感來源的信封

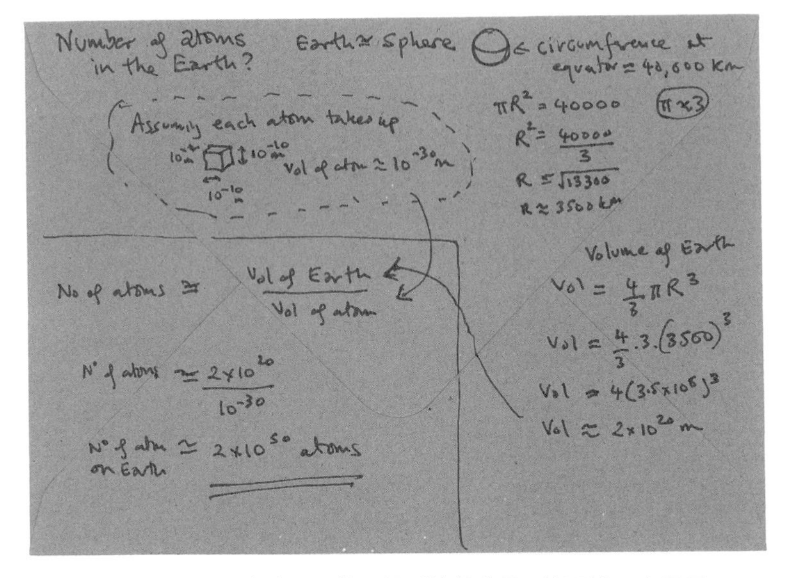

我在信封背面估算地球總原子數，得到的數字是2後面接五十個零。這個答案為數量級正確。

有時你在咖啡館裡或公車上會突然靈光一閃，需要馬上寫成方程式，而且必須趕緊記下來，免得忘掉。但要寫在哪裡？你不在書桌前，也沒有帶筆記本。你翻遍口袋希望找到紙，結果摸到一封信。也許是電費帳單，但沒關係，信封背面的空白很多，夠你寫了。於是你開始振筆疾書，跟過去無數偉大的科學家和工程師一樣，把信封背面化為記錄靈感的殿堂。

物理學家費米只用信封背面的小空白處就解決了幾大科學難題，不僅讓他聲名大噪，也讓他的算法成為一種標準。這種算法叫做「數量級」計算，對科學家而言，這就好比是詩人的俳句。它不追求精確答案，而僅在乎是否簡單易懂，能不能憑在公車上獲得的信息，來回答關於世界的基本問題。這種答案必須「數量級」正確，也就是頂多差個兩、三倍（即精確數字最小為數量級答案的三分之一，最大為三倍，不能超過這個上下限。）數量級計算雖然只是近似值，費米和其他科學家卻以此來證明一個矛盾：宇宙的恆星和行星數量龐大，照理來說會有外星人存在，因此應該不難遇見；但既然我們到現在都沒遇過外星人，而星體數量這麼大，正好顯示外星人存在的機率有多小。

我小時候很迷科學家在信封背面解決宇宙問題的故事，因此也會帶舊信封到學校，在背面練習解題。這有點像心靈的武術，只需要紙和筆就可練功，不僅有助於釐清思緒，也讓我考試過關。我後來申請牛津大學物理系，入學測驗的第一題就是：「試估計地球的總原子數。」我看到就笑了，這是標準的信封背面題。我已經不記得自己當時是如何解題的，但前頁圖是我最近做的計算。

不能沒有的衛生紙

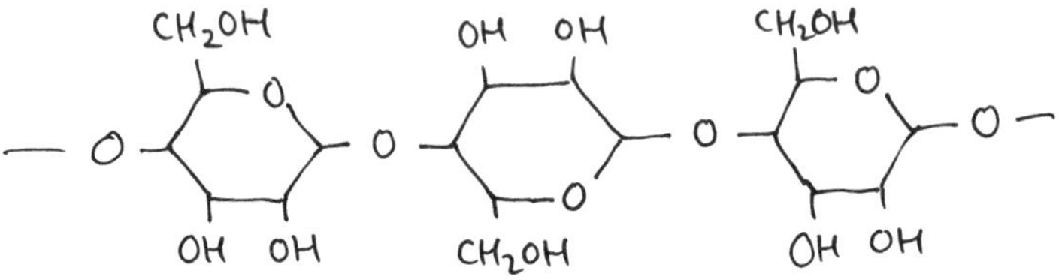

衛生紙的化學式，這種紙幾乎完全由纖維素纖維組成。

我們明明已經有更衛生、更有效的方法處理擦屁股這件超級骯髒事，卻還在用衛生紙，真是讓我覺得很不可思議。

使用衛生紙其實後遺症不少。首先根據《國家地理》雜誌的報導，為了供應地球上所有人的擦屁股所需，每天需要砍伐兩萬七千棵樹。而且衛生紙只會使用一次，用過即丟，流落排水溝對樹木來說似乎不是什麼光彩的結局。但還有更慘的，就是衛生紙卡在馬桶裡。我去紐約曼哈頓拜訪我哥哥，借住在他的卅四樓公寓時就發生過這種鳥事。

你到某人的家中作客，結果大便卡在馬桶裡沖不走，實在是很恐怖的事。我的大便就是這樣，於是我扔了幾張衛生紙把它蓋住。我當時就覺得這是個爛主意，但還是忍不住這樣做。我們全家到曼哈頓過聖誕節，不知道還要用這個廁所多少次。我在廁所裡猶豫不決，不知如何是好，最後決定再沖一次水。水果然愈升愈高，我也愈來愈慌，最後我擔心的時刻終於到了。水淹過了馬桶邊緣，流到廁所地板上。我哥哥住的樓層很高，似乎更對此雪上加霜。我想像汙水管裡的糞便已經滿到卅四樓，正等著灌進這間華麗又摩登的房子。這麼想很離譜，但誰看到大便滿出來都會瘋掉。糞便和衛生紙在廁所地板上漂著，朝我站著的瓷磚游來。

我哥哥把我關在廁所，裡頭早已經和水溝一樣臭。他從門縫底下塞了抹布和馬桶吸把給我。我大概花了幾小時才把廁所清理完畢，感覺卻像清了好幾天一樣。從此之後，我便對其他的屁股清洗技術非常感興趣。我相信廿一世紀肯定會發明新的方法解決這件人生大事，讓衛生紙從此絕跡。

充滿高貴氣質的紙袋

我買很貴的衣服時總是特別緊張。在店裡試穿時怎麼看都不對，感覺也不自然，即使店員不停的微笑點頭，我還是不曉得該不該花這筆錢。但只要我決定買了，就會得到我從小就很喜歡、從來沒有膩過的報償。

那東西原本是平的，但店員把它的底部往外一推，發出如雷貫耳的聲響，原本像屏風一樣摺好的側邊就會挺出來，讓那東西立在櫃臺上，有如剛破繭而出的蝴蝶，完美、自在又優雅。我突然覺得買下那件衣服是對的。這會兒衣服已經收進那東西方方正正的凹洞裡，等著讓我帶回家。

同樣是紙做的，那東西卻和衛生紙不一樣，它細緻又有格調：輕盈、穩固又強韌。然而，強韌只是假象。紙袋內的纖維素纖維已經和木質素分了家，不再像在樹裡那樣，有木質素當黏合劑。雖然紙纖維在乾燥時會形成很強的氫鍵，但仍必須用合成接著劑再補強。即使如此，紙袋還是很脆弱，幾乎無法防水，只要濕了，纖維就會失去氫鍵，因此濕紙袋很容易解體。

不過，也許正因為紙袋很脆弱，才會這麼適合這項工作。昂貴的衣服通常輕巧細緻，如果又用紙袋裝回家，似乎更能加強這種感覺。而且紙有崇高的文化地位，象徵著技藝與純手工，正好符合高級服裝的形象。不過，這又是另一個假象。紙袋已經是高度工業化的產品，而且對環境衝擊很大，製作拋棄式紙袋比製造塑膠袋還耗費能源。因此紙袋其實是一種奢侈的象徵，是刻意為了慶祝你花大錢血拼而準備的，好讓你進門吃力擠進玄關時，能聽到袋子掃過門框的沙沙作響，這聲音輕柔又嘹亮，讓你心中充滿興奮與驕傲。

光鮮亮麗的封面紙

紙的好壞，外觀和觸感是要件，這也是它如此好用的原因。只要表層改變，紙就能從俚俗變為正式，從古樸變為光鮮。掌控這些美學要素，是商業刊物能否賺錢的關鍵。

紙質的轉變是尖端科學研究的熱門主題。紙的亮度、平滑度和重量都已經證明，它能決定某些雜誌的成敗，但硬度（應該說易摺度）卻比較少人提起。紙若太好摺，會感覺很廉價，太硬又讓人感覺高傲。紙的硬度取決於「上漿」，也就是高嶺土或碳酸鈣之類的細粉添加物。這些添加物有許多功能，包括降低紙張的吸水力，讓墨水在表面乾涸而非滲入纖維，以及用來調節紙的潔白度。添加物和讓添加物固著在纖維上的接著劑會形成所謂的「複雜矩陣」，控制這個矩陣就可以決定紙的重量、強度與硬度。（混凝土是另一個複雜矩陣實例，它也是由兩種迥異的材料混合而成，一個是充當「接著劑」的水泥，一個是稱為「混凝料」的碎石子。）

不過，講究紙的外觀與質感也不是全無問題。暢銷的時尚與女性雜誌要求紙必須又硬又輕，結果就是讓紙的邊緣薄得跟剃刀一樣，變得非常鋒利。通常紙會彎曲不會割人，但只要手指劃過的角度剛好，就會被紙割傷。這種傷口特別痛，但是沒人曉得為什麼。可能因為通常傷的都是手指，而手指的感覺受器密度特別高，所以比其他部位的割傷還痛。當然，就算遭割傷也是值得的，至少每週必買亮面雜誌的那幾百萬人應該是這麼想的。

化身帶我去遠方的車票

SOUTH EASTERN RAILWAY
RESERVATION TICKET
SECOND CLASS
BHUBANESWAR VII/88
SEAT NO.
TRAIN NO......JOURNEY TICKET NO.........
DATE OF JOURNEY
RS 2 00 TWO RUPEES
ISSUED SUBJECT TO CONDITIONS
RULES AND REGULATIONS IN FORCE
28009

我搭火車去布巴內斯瓦時買的火車票。我1989年到印度旅行，同行的有艾瑪・威斯雷克和傑奇・希斯。

紙愈厚就愈硬、愈沒有可塑性，最後甚至能撐住自己不往下彎。這種紙在我們的生活中另有用途，例如旅遊許可證：全世界的公車、火車與飛機票都是用名為「紙板」的厚紙做的。

人類的交通工具都是硬邦邦的，或許正是這個原因，使得硬實的紙板很適合做為交通票卷。軟趴趴的車子不僅少見，更無法發揮功用，因為車的底盤如果不夠剛硬，車行時的高應力就會扭曲傳動裝置。同理，火車太軟容易出軌，飛機機翼若承受不了自身重量而彎曲，就無法產生升力。因此，無論火車、飛機或汽車，對剛性的要求都近乎執著。

除了硬度，紙板的剛性與強度也讓車票多了幾分權威感。畢竟車票也算是通行用的臨時護照。近年來，車票需要經過人和機器的檢查，因此必須夠硬才能防止在開票、塞進口袋、收進或拿出皮夾時凹到或壓皺。

旅遊的世界由堅固的機器所主宰，而車票忠實反映了這一點。有趣的是，車子和航空器愈來愈輕、愈來愈有效率，車票也跟著愈來愈薄，甚至很快就會消失，融入數位世界。

鈔票是另類的紙

紙鈔是紙張最誘人的形式。人生在世，很少有比在牆上的凹洞按幾個數字，就能拿到白花花的新鈔更快樂的事了。它就像通行證，有了它什麼事都能做，什麼地方都能去，這樣的自由令人上癮。鈔票也是世上製作最繁複的紙，而且必須如此，因為鈔票是實體的信物，代表著我們對經濟體系的信任。

為了防止偽造，紙鈔有幾項絕活。首先，它使用的材料和一般用紙不同，不是木質纖維素，而是純棉。棉不僅能讓鈔票更強韌，不怕會在雨中或洗衣機裡分解，還改變了鈔票的聲音。清脆聲是紙鈔最明顯的特徵之一。

這也是最好的防偽措施，因為棉基紙很難偽造。自動提款機會偵測棉紙的獨特質感，人對這種材質也很敏感。如果不確定是不是偽鈔，有一個簡單的化學方法可以測試鈔票是不是棉質的——那就是使用碘筆。許多商家都有這個工具。用碘筆在木質纖維素做的紙上寫字，纖維素裡的澱粉會和碘作用，形成色素而變黑。用碘筆在棉質紙上寫字，由於紙裡不含澱粉，所以不會變色。商家會使用聲音和變色這兩個簡單的方法來自保，以防止收到彩色影印機製造出的偽鈔。

不過，紙鈔還有一項防偽絕活，那就是浮水印。浮水印是嵌在紙鈔裡的圖形或圖案，唯有透光時才看得見，也就是你得拿起紙鈔對著光來看。雖然叫做浮水印，但它不是水漬，也不是墨痕，而是稍微改變棉的密度，使得紙鈔的某些部分較亮、某些較暗，形成特殊的圖形或圖案。在英國，鈔票上的浮水印是女王的頭像。

紙鈔目前岌岌可危，因為現在的金錢往來幾乎都電子化了，只有極少比例還使用現金，而且絕大多數是小額交易，但這部分也快被電子現金取代了。

是紙又不是紙的電子紙

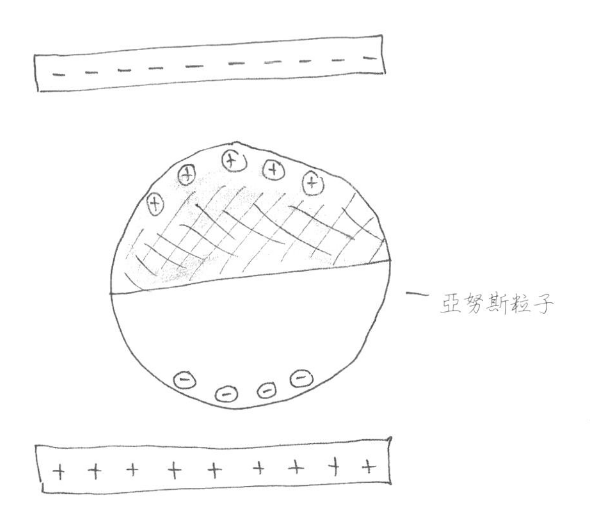

手持閱讀裝置（電子書閱讀器）的電子「紙」，是使用靜電態的亞努斯（Janus）粒子做為電子「墨水」。

自從信息可以記錄在紙上後，圖書館便成為儲存人類集體知識與智慧最重要的寶庫。圖書館的地位一直延續到不久之前。無論哪一所大學，有一所好圖書館都是學術發展的關鍵，而現代社會更將擁有社區圖書館視為基本人權。但數位革命大幅改變了這一切。現在任何人只要有一台電腦，就可以取得人類從古到今所有的文字作品。不過，從實體書轉移到電子書遭遇了不少阻力。主要的反彈不是來自電子書取得不易，而是人們無法放棄閱讀紙本書時的感官享受。

人類工程史上常常有這種事，一項技術已經發明好一陣子，原本一直乏人問津卻突然間流行了起來。電子紙也是如此，它是使用真實墨水顯示文字的平面螢幕，主要是想仿效實體書那樣，使用反射光來閱讀。而電子紙和真紙的差別在於可以數位調控，文字能近乎瞬間顯示。要是加上電腦晶片，就能儲存和顯示數百萬本書。

這項技術需要把墨水轉變成所謂的亞努斯粒子，也就是把墨水粒子染色，一面染成黑色，另一面染成白色，然後兩面各帶相反的電荷，一正一反，這樣電子紙上每個像素都可黑可白，只要調整電荷即可。亞努斯這個名字來自古羅馬的變遷之神，祂有兩張臉，經常跟門戶或入口的意象連結在一起。由於亞努斯粒子是實體的墨水，切換文字時粒子必須旋轉，因此無法像平板電腦或智慧型手機的液晶螢幕那樣瞬間顯示，也就無法播放電影或其他時髦的玩意兒。不過電子紙有一種舒服的復古感，可能更適合閱讀文字。

亞努斯粒子讓電子書讀起來很像實體書，至少文字在紙上顯現的感覺很接近。電子書也許是文字的未來歸宿，但不大可能完全取代實體書，因為它缺乏紙的氣味、觸感與聲音，而閱讀之所以迷人，就在於它能帶來多重的感官體驗。人愛書的程度甚至超過文字本身。人會用書來凸顯自己是誰，以實體證明自己的價值。書架和桌上的書是一種內在行銷，提醒我們自己是誰、想成為何種人物。我們是實體的存在，因此會用實體來認定和表現自己的價值也就不難理解。我們不只喜歡閱讀，也喜歡感覺、嗅聞與碰觸。

實實在在的報紙

YORKSHIRE

Telegraph & Star

WAR SPECIAL

No. 10,018. SHEFFIELD, MONDAY, NOVEMBER 11, 1918. ONE PENNY

THE WORLD WAR AT AN END.

STATEMENT by the PREMIER

Historic Document Signed at 5 o'clock This Morning.

HOSTILITIES ENDED AT 11 a.m. TO-DAY

OVERTHROW.

German Republics Proclaimed.

PEOPLE CONTROL.

Troops Go Over to the New Authority.

FIGHTING IN BERLIN.

Soviets Formed Everywhere.

The following is circulated through the Wireless stations of the German Government:—

During the course of the forenoon of Saturday, November 9, the formation of the new German People's Government was initiated. The greater part of the Berlin garrison and other troops ...

... new Chancellor Ebert, Scheidemann and Landsberg.—Reuter.

Copenhagen, Sunday.—Herr Ebert, who has been appointed Imperial Chancellor, has issued a proclamation saying:—

Fellow Citizens,—The former Chancellor, Prince Max of Baden, has transferred to me the execution of the Chancellor's affairs, with the consent of all the Secretaries of State. I am planning to form a new Government in agreement with the Parties, and I shall shortly make a report to the public concerning the result. The new Government will be a People's Government. Its endeavour will necessarily be to bring peace as speedily as possible to the German people, and to fortify the freedom which they have won.

I appeal to you all for your support in the hard work that awaits us.

The proclamation asks for the co-operation of the country and of Berlin in assuring the people's food supply, and concludes: "Citizens, I earnestly entreat you to cease threats and to maintain quiet and order."—Reuter.

Copenhagen, Sunday.—In the ...

Tattersalls, which early in the evening was examined by the Reds, as it was supposed a number of officers were concealed there, but none was detected.

At a few minutes past six a shower of shots was suddenly fired from the windows of a room in which a great number of officers were gathered. The Reds at once called for assistance and bombarded the building with guns and machine-guns, while the officers continued to shoot. A great number of persons were wounded and killed before the officers surrendered.

There was a great panic among the public hospitals, which were crowded.

Late last evening the Reds completely restored order, strong guards marching through the streets. The police have been disarmed and replaced by the Reds.

The population were shouting "Long live the Republic," and singing "The Marseillaise" and "The Internationale."

From the windows of the "Vorwaerts" building red banners were floating. The ex-Crown Prince's palace is also in the power of the Reds, who hoisted the red banner.—Exchange.

It is officially announced from Berlin that the War Minister has placed himself ... the disposal of ... the demobilisation of the Army and the solution of demobilisation problems.—Reuter.

報紙頭條和沖洗出來的相片有一種特殊魔力，能讓新聞事件感覺更真實，這是其他媒體做不到的。也許這是因為報紙本身就有一種無可辯駁的真實性，它是看得到也摸得著的，使得它所報導的新聞，也得到了這種確鑿感。我們可以指著某則新聞，也可以摘錄重點，更能剪下來釘在布告欄上、收進剪貼簿或存放在圖書館裡，讓新聞成為物品，凍結在時光中。事件或許早已過去，卻因為刊登在報紙上而成為無可置疑的事實而永遠流傳——即使事件不是真的。

反觀網路新聞就虛幻多了。雖然網路新聞也會留存下來，卻沒有實體可做為證據，向世人證明確有其事。因此讓人感覺網路新聞很容易操弄，其上的歷史紀錄可以修改。不過，數位媒體的精采之處就在於內容的即時與流動。我們這個時代不再像過去的人那樣，認為歷史紀錄是鐵板一塊，新聞網站也呼應了這個轉變。此外，數位新聞網站理論上也比傳統媒體民主許多，因為報紙需要大量印刷和龐大的運送經銷網絡，包括火車、飛機、貨車、店面和報攤，而在數位時代，任何人只要有一台電腦就能跟全世界互動，不需要砍倒半棵樹。

報紙的式微不僅會改變國家與城市之間訊息的交流方式，也會影響生活習慣。翻報紙的窸窣聲將不再是週日早晨的背景音樂，報紙也將不再被墊在泥巴鞋子底下、摺好放在車站長椅上、粉刷牆壁時鋪在地板上或拿來包裝貴重物品，也不會被揉成一團當火種或拿來丟向兄弟姊妹鬧著玩。這些都不是報紙原本的用途，卻是這個有用而備受喜愛的居家物品的一部分。我們一定會懷念它的。

傳達蜜意的情書

Do you remember
the first cold night we met
when you were wearing a beard
and that lumpy brown cardigan
and I was in my fake leopardskin coat
and I asked you too many questions
and I wanted to impress you
because you felt so right
and you and the wine made me bold
and I said we should see each other again
I'd rehearsed it in my head
as we sat talking
and you said yes
and I walked away glowing
and grinning
and the next time I saw you
and we were at that strange party
where you talked to a man
in a bow tie
and I was coming down with flu
and we left in the freezing fog
and that Russian bar was closed
and we got the night bus
or was it a taxi
to your flat
where earlier we'd had a cocktail
and you lit a fire and made
hot toddies.
and we sat on the floor and kissed
and I stayed the night
and you lent me your Kurasawa t-shirt
and I kept my leggings on
and in the morning we met Buzz
and had coffee together
and that was the beginning
of this most precious part of my life
and every day I think to myself
how incredibly lucky I am to have met you
and how exciting our future seems
and how full of love
and possibility.

I miss you, and it's
cold, and I'm wearing
your brown cardigan.
XXX R

我老婆寫給我的信。

雖然數位科技大軍壓境，但很難想像信紙會完全從人與人的溝通裡消失。有些話我們只信得過紙，只想靠紙傳遞，而不會考慮其他媒介。沒有什麼比在信箱裡看到愛人的來信更讓人腸胃翻攪，心中七上八下，甚至心跳漏跳一拍的了。講電話很好、很親密，發簡訊或電郵夠快又令人滿足，但手裡拿著愛人碰過的信紙，把信上的甜言蜜語收進心坎裡，那才是真正的愛情。

寫信是文字的溝通，卻又超越文字本身。它給人一種永恆與實在，足以撫慰生性不安的靈魂。信可以一讀再讀，而且實實在在占去你生活的時間與空間。信紙就像愛人的皮膚，散發著愛人的芬芳，而愛人的字就像指紋，呈現了獨一無二的她。情書不能造假，也無法剪下和貼上。

紙有什麼特別之處，能讓原本說不出口的話語在紙上盡情傾吐？情書唯有獨處時才能寫，而紙又為愛意添加了感官色彩，因為書寫本身就是一種碰觸、宣洩與傾吐，是竊竊私語，是絮語呢喃，是擺脫了鍵盤字體的個人表達。墨水化為熱血，要求吐露與傾訴，讓思緒奔流揮灑在紙上。

情書卻也讓分手變得艱難，因為信中文字就如同合照裡的影像，會永遠留存在紙上，對心碎的戀人是一場酷刑，對決定分手的一方則如芒刺在背，就算沒有凸顯他的移情別戀，也訴說著他的昨是今非。幸好紙是含碳物質，對所有想要擺脫情傷的人來說，都有一個最好的方法。這方法需要的東西不多，就是一根火柴。

3
重要的混凝土

2009年春季，我有一天出門到超市買麵包，經過轉角時突然發現倫敦南華克大樓不見了。這棟1970年代經典辦公大樓整個被夷為平地，二十一層樓的摩天建築完全消失不見。我絞盡腦汁回想自己上次見到它是什麼時候。應該是上週出門那次吧？那時一樣是去買麵包。我突然有點擔心，是我老了，還是現在拆房子的效率超高？無論如何，我的自信心都受到了打擊，覺得自己沒那麼厲害了。我一向喜歡南華克大樓，那個年代有自動門可是新潮得很。如今它消失了，在街上留了一個洞，也在我生命裡開了一個口子，傷口比我想的還要大。一切感覺都不一樣了。

我走到圍著那一大塊空地的鮮豔圍籬邊，上頭貼著一張告示，宣布這裡即將興建歐洲第一高樓「碎片大廈」，同時附上一張尖塔形玻璃摩天大樓的相片，應該就是即將從南華克大樓的廢墟中興起、俯瞰倫敦橋車站的新建築吧。底下的說明更預言，這棟摩天大樓將成為未來數十年倫敦的新地標。

我又氣又怕。萬一這根玻璃大陽具變成恐怖份子的目標怎麼辦？要是它跟紐約世貿雙塔一樣遇襲倒塌，害死我和我的老婆、孩子呢？我上谷歌地圖去看，發現這棟三百三十公尺高的大樓就算塌下來也不會砸到我家，讓我鬆了口氣。充其量它有可能砸到附近的莎士比亞酒吧，不過我很少去那裡。然而，倒塌產生的煙塵可能讓人窒息而死。我嘴裡一邊嘀咕，一邊懷著世界末日就要來了的心情到超市去買麵包。

接下來幾年，我常在家門口看著這棟摩天大樓緩緩升起。它讓我見到許多令人震撼的景象與工程奇蹟，不過更讓我對混凝土了解得無比透澈。

混凝土要多久才會乾

他們首先在地上挖一個大洞。這裡說的「大」可是非常大。我每週執行麵包採購任務時都會繞到圍籬邊，從觀察窗盯著巨大的機器不停的掘土，愈挖愈深，彷彿在採礦似的。但他們掘出來的是黏土，是泰晤士河數十萬年來留下的淤泥。這些黏土曾經用來製磚、興建房子和倉庫，倫敦就是靠這些淤泥做成的一磚一瓦蓋起來的。不過，碎片大廈不會用黏土蓋。

某天，等黏土都清走了，工程人員灌了七百輛車次的混凝土到大洞裡，好讓地基能支撐住摩天大樓，防止這七十二層大樓和裡面的兩萬人陷進淤泥中。工程人員用一層層的混凝土填滿那個大洞，蓋好一個個地下樓層，直到大洞消失，留下混凝土砌成的地底殿堂為止。混凝土緩緩乾涸，地基蓋得又好又快，速度驚人。非得如此不可，因為基於經費考量，工程人員在地基完成前就已經開始興建地上物了。

「你覺得混凝土要多久才乾？」旁邊一個出來遛狗的男士問我。我們一起站在圍籬的觀察窗邊往工地看。「誰知道？」我撒了謊。

我撒謊是因為不想多聊，結果也如我所願。撒這種謊是習慣，我生長在倫敦，總需要客氣的婉拒陌生人的攀談。何況我不曉得要是劈頭就糾正他，跟他說「混凝土永遠不會乾，因為水是混凝土的一部分」，他和他的狗會有什麼反應？混凝土凝固時會和水作用，引發連鎖化學反應，在混凝土內部形成複雜的微結構，因此就算裡頭鎖住了許多水分，混凝土的外表不僅看起來乾燥，而且實際上還能防水。

混凝土凝固是相當精巧的化學反應，其中的活性成分為磨碎的岩石，但不是所有石塊都管用。想自製混凝土，岩石必須含有碳酸鈣，而碳酸鈣是石灰石的主成分。石灰石是生物體層層埋在地底，經過數百萬年地殼運動的高溫高壓融合而成的物質。此外，製造混凝土還需要含矽酸鹽的岩石。矽酸鹽是矽氧化合物，地殼將近百分之九十由矽酸鹽組成，因此某些黏土應該可用。但不能直接把這些成分磨碎混合後再加水，除非你要的是爛泥巴。為了製造會和水反應的關鍵成分，必須先斷開碳酸鈣和矽酸鹽的化學鍵。

要做到這一點沒那麼容易。碳酸鈣和矽酸鹽的化學鍵非常穩定，所以岩石很難溶解於水中，也不大會和其他物質發生反應，因此才能挺過風吹雨打屹立數百萬年。關鍵在加熱，而且是高達1,450℃的高溫。森林大火或燃燒木炭至火焰呈紅色或黃色，溫度也只有600℃到800℃，遠不及這個高溫。1,450℃的火焰是亮白色，微微泛藍，但沒有半點紅色或黃色，亮度會讓人看了很不舒服，甚至非常刺眼。

岩石在這樣的高溫下會開始分裂重組，產生一群名為矽酸鈣家族的物質。稱為家族是因為不同的矽酸鈣含有程度不等的雜質，會影響化學反應的結果。製造混凝土需要富含鋁和鐵的礦石做為點石成金的材料，但比例必須正確，降溫後才會形成顏色如月球表面的灰白粉末，用手去摸會感覺很像灰燼，有絲綢的滑順感，彷彿倒退回到岩石的前身，但很快你的手就會覺得乾癢，如同遭細針戳刺。這材料非常特別，卻有個無趣的名字，就叫水泥。

水泥粉末只要加水就會迅速把水吸收，然後顏色變深，但不會像其他加了水的岩石粉末般變成爛泥，而是產生一連串化學反應變成凝膠。凝膠是半固體狀的流質，小孩慶生吃的果凍就是凝膠，大多數牙膏也是。凝膠受制於內在構造，無法像液體一樣隨意流動。果凍膠化是因為明膠，水泥膠化則是因為水合矽酸鈣原纖維。鈣和矽酸分子溶解後，會形成激似有機分子的晶體結構（見下圖），並且不斷增生，化學反應也持續進行，使得水泥內部的凝膠不斷改變。

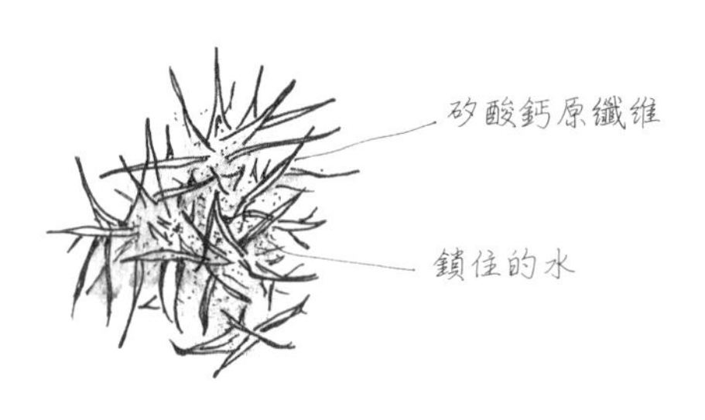

凝固中水泥內部的矽酸鈣原纖維增生圖。

增生的原纖維相遇後會彼此交錯，形成鍵結鎖住更多水分，直到水泥從凝膠變為堅硬的固體為止。這些原纖維不僅彼此鍵結，還會抓住岩石與石塊。水泥就這樣成了混凝土。工人會用水泥黏合磚塊蓋房子，或接合石頭興建紀念碑，不過都只塗抹在磚塊或石頭之間當黏著劑，用量很少。唯有混合充當磚頭的碎石，變成了混凝土，水泥才能充分發揮它成為建材的潛能。

加水多少是關鍵

任何化學反應都一樣，只要成分比例不對，結果就是一團糟。混凝土中如果加水過多，水泥裡頭就沒有足夠的矽酸鈣能和水反應，水分就會殘留在結構體內，使得混凝土強度減弱。但是加水太少又會讓部分水泥無法和水反應，同樣會削弱混凝土的強度。混凝土出問題通常是人為疏失的結果，但有時可能不會即時發現，所以常常到建築完成多年，建商早就拍拍屁股走人後才發生巨災。2010年海地強震損失慘重，問題就出在房屋興建不當和混凝土品質欠佳。據估計，當時有二十五萬間房屋倒塌，三十多萬人死亡，上百萬人無家可歸。更糟糕的是海地並非特例，全球各地都有這種混凝土不定時炸彈。

追查人為疏失有時很難，因為混凝土從外表看來一切都好。美國甘迺迪機場的主任工程師曾在進行例行查核時，發現中午前送來的混凝土凝固後強度很夠，中午過後不久送來的混凝土卻弱了許多。他不曉得這是怎麼回事，追查了所有可能原因也找不到答案，直到他跟著水泥車到機場才恍然大悟。他發現水泥車司機在中午時通常會休息吃飯，然後用水管為混凝土加水，因為他以為加水能讓混凝土維持液態更久。

碎片大廈的工人在挖土興建地基和支承架構時，發現了現代混凝土的前身，也就是羅馬混凝土。舊南華克大樓旁有一家我常去的炸魚薯條店，工人拆除店面時挖到了古羅馬浴池遺跡，那些混凝土就是在那裡發現的。古羅馬人很幸運，不用親自實驗把不同比例的岩石粉末加溫至白熱，因為拿坡里附近一個叫做波佐利的地方就有現成的水泥。

碎片大廈工程人員發現的古羅馬浴池遺跡。

波佐利（Pozzuoli）臭氣薰天，真的很臭。這個義大利地名來自拉丁文putere，意思就是發臭，氣味是從附近火山砂傳來的硫磺味。往好處想，這一帶數百萬年來接收了大量的岩漿、火山灰與浮石。火山灰來自火山口噴發的過熱矽酸岩，過程很可能跟現代水泥的製程類似。古羅馬人只需要忍受臭味，把數百萬年來堆積的火山岩粉末挖走就好。這種天然水泥和現代的波特蘭水泥略有不同，需要添加石灰才能凝固。然而古羅馬人一旦搞清楚這一點，並摻入石頭增加強度，他們就成為人類史上第一個擁有混凝土這個獨一無二建材的民族。

磚造建築的組合特性是它受歡迎的原因。磚是磚造建築的基本單位，刻意做成手掌大小，以利單人作業。混凝土基本上和磚完全不同，它起初為液體。這表示混凝土建築可以用澆注法做出連續體結構，從地基到屋頂一氣喝成，沒有任何接點。

混凝土工程師的大絕是：你要地基，我們就灌地基給你；你要柱子，我們就灌柱子，要樓面就灌樓面。你要兩倍尺寸？沒問題；想要弧面？當然可以。只要開得了模，混凝土什麼結構都做得出來。混凝土的威力清楚可見，造訪過建築工地的人都會愛上它。我一週又一週，都會從碎片大廈工地的觀察窗往裡看，看得心蕩神馳。我看見大樓從地基緩緩興起，由螞蟻般的工人一點一滴澆注而成。岩石和石塊粉末送到工地，只是加水就成了石塊。這不只是工程技術，更是一種哲學、一種圓滿。這個圓從地函經由造山運動生成岩石和石塊開始，再由人類接手，把石頭和岩石挖掘出來，按照人類的設計轉變成人造的地景，變成高樓大廈，讓我們在其中居住和工作，成就這一個循環。

混凝土問世，讓建築師的想像力得以盡情馳騁。古羅馬人發明混凝土後，立刻明白可以用它來奠立帝國的根基。他們可以在任何地方興建港口，因為混凝土在水下也能凝固。他們還可以興建溝渠和橋樑，而這些基礎建設又能把混凝土運送到任何有需要的地方，不必仰賴當地的石頭和黏土。因此，混凝土很適合打造帝國。不過，古羅馬最宏偉的混凝土工程就在首都，也就是羅馬萬神殿的穹頂（下圖）。它完工兩千年來始終屹立不搖，至今仍是世上最大的無鋼筋混凝土圓頂建築。

萬神殿沒有因為羅馬帝國衰亡而頹圮，但混凝土卻銷聲匿跡了。古羅馬停止製造混凝土後，這個世界有一千多年不曾出現混凝土建築。這項材料技術亡佚的原因至今成謎，可能因為製造混凝土是專門技術，需要技術發達的帝國才能支持，或者因為它沒有結合某種技能或工藝，例如打鐵、石刻或木工，以致於沒有代代流傳，也可能是因為羅馬混凝土雖然好用，卻有個致命的缺陷，而古羅馬人雖然曉得，卻無法解決。

有兩種方法讓材料斷裂。首先是撕裂，例如把口香糖拉斷就是這樣。材料受拉扯後會產生結構重組而導致流動，使得中間愈來愈細，最後一分為二。絕大多數金屬都可以用這種方法弄斷，但因為必須移動許多差排，所以要非常費力才能做到，這也是金屬的強度和韌度都高的原因。另一個斷裂法是製造裂隙，玻璃和茶杯破裂就是如此。這些材料無法藉由流動抵消拉扯的力道，只要有一處脆弱就會破壞整體，使得材料斷開或碎裂。混凝土碎裂即屬此類，這讓古羅馬人傷透了腦筋。

古羅馬人始終未能解決這個問題，只好限制混凝土的用途，只用在受壓縮而非受拉扯的結構體，例如柱子、圓頂或地基上，在這些地方的混凝土全都被結構的重量擠壓著。在受到擠壓的情形下，混凝土就算有裂隙也依然強固。造訪有兩千年歷史的萬神殿，你會發現穹頂多年來已經出現不少裂痕，可能是地震或下沉所導致，但這些裂隙不會危害結構，因為整個穹頂都受到擠壓。然而，古羅馬人嘗試用水泥興建橫梁或懸垂樓面時，由於這些結構必須承受彎曲應力，他們勢必發現就算出現再小的裂痕也會造成崩塌。當裂痕兩側的建材受自身和建築的重量拉開，就絕對無力回天。因此，想讓混凝土發揮最大功效，就像我們現在用它來興建牆壁、樓面、橋樑、隧道和水壩這樣，就勢必解決這個問題。然而，解決方法直到歐洲工業革命興起時才出現，而且來自非常出人意料的地方。

園藝家發明鋼筋水泥

巴黎園藝家莫尼耶（Joseph Monier）喜歡自己製作花盆。1867年時，花盆都是陶瓦做的，非常脆弱易碎，而且造價昂貴，尤其不適合栽種在溫室成長迅速的熱帶植物。混凝土似乎是更好的選擇。它比陶土更容易製作大型花盆，又因為不需要放入窯中燒製，所以也便宜得多。但混凝土的韌度還是不夠，因此莫尼耶製作的混凝土花盆還是跟陶瓦花盆一樣容易龜裂。

莫尼耶想到一個方法，就是在混凝土裡放入鋼圈。他不可能知道水泥和鋼材的鍵結極強，因為鋼很可能就像放進醋裡的油，完全不跟混凝土混合。結果不然，混凝土裡的矽酸鈣原纖維不只會吸附石頭，也會吸附金屬。

混凝土基本上是擬石材，以石頭製成，外觀、成分和性質也近似石頭。但鋼筋混凝土就不同了。它跟所有天然材料都不一樣。混凝土得到鋼筋的加強後，就算受到彎曲應力，也會由混凝土內的鋼筋吸收，不會產生大裂縫。鋼筋和混凝土合而為一，把原本用途有限的混凝土變成世界上用途最廣的建材。

還有一件事莫尼耶當時也不曉得，不過卻是強化混凝土的致勝關鍵。材料不是靜態的，會因環境而變化，尤其受溫度影響更大。大多數材料都會熱脹冷縮，建築、道路到橋樑，無不因日夜溫差而脹縮，彷彿它們會呼吸一樣。道路和橋樑的裂隙多半源自於此，如果設計時不將此納入考量，累積的壓力可能會讓結構崩塌。任何工程師在推測莫尼耶的嘗試結果時，都會認為水泥和鋼差異太大，脹縮幅度非常不同，應該會導致結構解體，而且這樣的花盆擺在冬冷夏熱的花園裡應該會碎裂。或許正是因為如此，才會沒有工程師願意嘗試，反倒讓園藝家來做了。

不過說來巧合，鋼和混凝土的膨脹係數幾乎完全相同，也就是兩者的脹縮率幾乎相等。這是個小小的奇蹟，而莫尼耶不是唯一的發現者。一位名叫威爾金森（William Wilkinson）的英國人，也湊巧發現了這個神奇組合。鋼筋混凝土的時代就此到來。

只要造訪全球許多發展中國家，就會發現數以百萬計的窮人住在用泥巴、木材或金屬波浪板搭成的棚屋裡。這些房子禁不起風吹雨打，而且日曬時非常炎熱，下雨又會漏水或坍塌，時常遭暴風吹垮、洪水沖走，或被警察或當權者的推土機剷平。想建造一個能抵擋強風暴雨和權勢者的家，建材不只要堅固，還得防火、防風和防水，更要便宜到人人都蓋得起。

施工迅速且便宜的建材

鋼筋混凝土就是這樣的建材。每噸一百英鎊的價格絕對是世界上最便宜的建築材料，加上非常適合機械化工法，使得建築成本還能再往下壓。一個人只要有混凝土攪拌機，幾週內就能獨力完成地基、牆壁、樓面和屋頂。由於結構單一完整，完成的房子輕鬆就能抵擋風吹雨打一百年。地基可防止水分滲透以及昆蟲或白蟻的侵蝕，牆壁能抗倒塌和支撐玻璃窗，而且建築幾乎無須維修。瓷磚不會剝落，因為根本不用貼瓷磚，屋頂跟房子一體成形，藤蔓、植物和青草都可以生長於其上，替建築物調節溫度。除了萬神殿穹頂之類的圓頂建築，就只有鋼筋混凝土可以支撐屋頂花園。對於發明鋼筋混凝土的園藝家來說，這或許是最好的讚美。

碎片大廈愈蓋愈高，我發現我再也不用隔著觀察窗才看得到它了。但我的視野反而變得更糟，因為現在所有的工程都在最頂端進行，要從我家的屋頂才能看得清楚。於是我很快就養成習慣，每天早晨都會到屋頂上一邊享受咖啡，一邊觀察碎片大廈的進度。我開始用粉筆在我家的煙囪上記錄它的高度變化。只見那樓層愈來愈高！根據我的計算，建築工人速度最快時，幾乎每幾天就會蓋好一層樓。

工人能做到這一點，靠的是不斷澆注混凝土。水泥車把混凝土運到工地，然後灌入建築最頂端的板模裡。板模依據樓層的大小和形狀搭成，裡面先架好鋼筋做為水泥大樓的骨架。樓面澆注完成後，就卸除板模往上搬，預備澆注下一層樓面，如此不斷重複，碎片大廈也愈來愈高，據我估算，成長速度為每天三公尺。

最神奇的是，我覺得這個循環似乎能永遠繼續下去，只要把板模往上搬，然後再澆注混凝土就成了，感覺就像小樹新生的枝枒一樣。不過，這個循環目前是有極限的。杜拜哈里發塔的高度幾乎是碎片大廈的三倍，工程人員發現，要用機器把混凝土垂直打到工地頂端，是很棘手的問題。

不過，這個方法還是非常天才。這種機械化的建築工法讓混凝土成為極現代的建材，可以澆注和澆灌，迅速蓋起龐大的建築。過去的巨型建築都需要幾十年才能蓋完，例如歐洲的石造教堂或中國的萬里長城，歐洲第一高樓碎片大廈的主結構只花了不到六個月就完成。混凝土讓人更敢想像與嘗試，也使得土木工程師的夢想得以實現。美國胡佛水壩、法國米約高架橋和俗稱「義大利麵條路口」的英國格瑞夫里山立體交叉橋，都是鋼筋混凝土的傑作。

法國的米約高架橋由鋼筋混凝土製成，是世界上最美的橋梁之一。

有一天，碎片大廈不再長高了，幾天後外層板模也消失了，只剩下七十二樓的混凝土尖塔兀自聳立，灰暗、粗糙，和新生兒一樣布滿皺紋。工程再度從底端開始，讓倫敦最新的水泥尖塔默默迎風搖擺，彷彿無所事事的俯瞰底下的人類如螞蟻般在它腳邊走動。但它其實沒閒著。混凝土裡的含水矽酸鈣原纖維正不斷增長交錯，鍵結鋼筋與石塊讓尖塔變得更穩固。雖然混凝土遇水後廿四小時內就會變得夠硬，但這人造岩石的內部構造還要需要好幾年的發展，潛能才會完全發揮。在我下筆此刻，碎片大廈裡的混凝土主結構還在變硬、變強，只是隱而不顯。

興建中的碎片大廈。

等到這棟尖塔的混凝土完全硬固後，將每天承載兩萬人的重量，以及他們的數千件桌椅、家具、電腦和幾噸重的用水，日以繼夜永不休止，然而建築結構卻不會有任何明顯的變形，樓面依然穩固堅實。它能任勞任怨支撐幾千年，讓尖塔裡的使用者完全不受風吹雨打。當然，前提是有人妥善養護。

因為鋼筋混凝土雖然聲譽卓著，但確實需要養護。事實上，它的弱點正好是它的長處，也就是混凝土的內在結構。

一般說來，鋼筋混凝土內的鋼筋暴露在風雨中是會鏽蝕的，但混凝土內的鹼性成分會在鋼筋外表形成一層氫氧化鐵成為保護膜。不過，隨著時間拉長，建築磨損、剝蝕和長年熱脹冷縮，會讓混凝土出現小裂痕。這些裂痕會讓水分滲入，而水分一旦結凍就會膨脹，導致裂痕加深。這種磨損和侵蝕是所有石造建築的宿命，也是山的宿命，也就是風化侵蝕的原因。為了防止石材或混凝土結構受到損害，建材內部的原纖維每五十年就得養護一次。

不過，混凝土還可能遇到一個更嚴重的威脅，就是大量的水滲入混凝土，開始侵蝕鋼筋，導致鐵鏽在混凝土內部擴散，造成更多裂隙，破壞整個鋼筋結構。鹽水更容易造成這種傷害，因為它會破壞氫氧化鐵形成的保護膜，讓鋼筋大量鏽蝕。寒冷地區會以撒鹽清除積雪和結冰，所以當地的混凝土橋樑和道路經常接觸到鹽，特別容易受到這種長期破壞。倫敦漢默斯密（Hammersmith）高架道路的混凝土最近也發現類似的鏽蝕。

全世界有半數建築是混凝土結構，這使得養護成了大工程，而且愈來愈重要。更糟的是，許多混凝土建築都位在我們根本不想經常造訪的地方，例如連接瑞典和丹麥的松德海峽大橋或核電廠內部。遇到這種情形，混凝土最好能自養護和自癒合。這種混凝土現在有了，雖然還在起步階段，但已經證實有效。

自癒合混凝土來自科學家的發現。他們研究生活在極端環境下的生物，結果發現了一種細菌，它們生活在火山活動形成的強鹼湖泊底層。這些湖泊的酸鹼值為9到11，這個鹼度會灼傷人類皮膚，因此不難想見科學家之前一直認為這些硫磺湖裡不會有生物。然而詳細調查發現，生物的適應力遠高於我們的想像，如嗜鹼細菌便能生活在這類環境中。科學家發現，其中一種名為巴斯德桿菌（*B. pasteurii*）的細菌會分泌方解石，而方解石正是混凝土的成分之一。科學家還發現這種桿菌非常頑強，能在岩石裡長期蟄伏數十年。

自癒合混凝土就含有這種桿菌，並摻入桿菌會吃的某種澱粉。這些桿菌平常處於蟄伏狀態，受含水矽酸鈣原纖維包圍。但當混凝土出現裂隙，這些桿菌就會重獲自由，遇到水便會醒來，開始尋找食物。它們吃掉混凝土裡的澱粉後就會生長與繁殖，並分泌方解石。方解石是碳酸鈣的一種，和混凝土鍵結後會形成礦物構造，把裂隙填滿，使裂隙不再擴大。

這個方法可能屬於聽起來不錯，不過實際上行不通的那一類。但沒想到真的管用。研究顯示，龜裂的混凝土經由這種桿菌「處理」之後，強度可以恢復九成。目前科學家正在開發這種自癒合混凝土，希望用在實際的工程結構上。

另一種含有生物成分的混凝土叫做透水混凝土。這種混凝土非常多孔，天然細菌可以占據其中。這些細孔還能讓水穿透，因此不太需要排水系統，而混凝土內的細菌還能分解油汙和其他汙染物，因此有淨水功能。

現在還有一種混凝土布料，叫做水泥帆布。這種材料可以捲成一筒，只要加水就能固定成你想要的形狀。雖然水泥帆布非常適合雕塑，但它最大的用途可能是救災。只要空投幾綑水泥帆布到災區搭建臨時住所，幾天之內就能形成一座防雨、防風和防曬的臨時城市，讓救災工作得以進行。

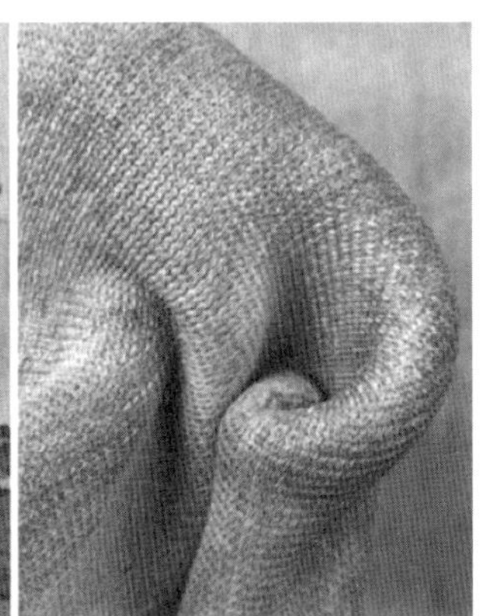

可以塑型的水泥帆布。

必得隱形，不能示人

不過，碎片大廈接下來發生的事，對混凝土來說可就沒那麼光彩了。工程人員緩緩但持續的用鋼架和玻璃包住大廈外層，遮去所有混凝土表面。他們的用意很明顯：混凝土是丟臉的東西，沒資格面對這個世界和在大廈中活動的人。

大多數民眾也都這麼認為。所有人都覺得混凝土適合興建快速道路橋樑或水力發電廠，不過城市裡卻不該出現混凝土建築。倫敦1960年代以混凝土興建的南岸中心曾被視為自由的象徵，這情況在現今是難以想像的。

1960年代是混凝土意氣風發的時代。建築師用它大幅改造市中心，以構築現代文明。但混凝土的現代感卻逐漸消逝，世人開始認為它根本不是未來材質。也許是一下子出現太多品質低劣的混凝土多層停車場，或者是太多人曾在畫滿塗鴉的地下道遇到搶劫或攻擊，也可能是許多家庭覺得住在鋼筋混凝土高樓裡感覺不到人的溫度。總之，現代人對混凝土的觀感是：必要、廉價、有用、灰暗、沉悶、髒汙和沒人味，但最多的感覺還是醜陋。

然而，問題出在廉價的設計。設計廉價，再好的建材也回天乏術。鋼可以用在出色的建案裡，也可以用在差勁的都市規劃中；磚和木材也不例外，可是只有混凝土成了「醜陋」的代名詞。水泥並非天生缺乏美感，只要看看雪梨歌劇院的經典貝殼屋頂和倫敦巴比肯藝術中心的內部，就能明白混凝土的能耐。事實上，沒有混凝土，世界上許多最偉大、最特出的建築根本蓋不出來。1960年代如此，現在依然。現代人無法接受的是它的外觀，因此目前通常都會把它隱藏起來。混凝土仍然是地基和主結構，只是無法坦然示人。

許多新式混凝土應運而生，希望改變世人的刻板印象。最新的發明是會自潔淨的混凝土，方法是摻入二氧化鈦粒子。這些粒子雖然塗抹在表面，但由於粒子極小而且透明，所以外觀與一般混凝土建築完全一樣。不過，二氧化鈦粒子吸了收陽光中的紫外線後，就會產生自由基離子，能夠分解沾上它們的有機汙垢，讓汙垢由風或雨水帶走。羅馬千禧教堂就是用這種自潔淨混凝土興建的。

羅馬千禧教堂。

其實，二氧化鈦不只能清潔混凝土，還可以充當觸媒轉換器，減少空氣中的氮氧化物，而這些氮氧化物是由車輛排放出來的。不少研究證實了這項功效，也使得都市裡的建築與道路在未來可以扮演更積極的角色：跟植物一樣來淨化空氣。

現在碎片大廈已經完工，混凝土都已隱身不見，藏匿在市民更能接受的建材底下，但仍然掩蓋不了一個醜陋的祕密，這個祕密關於我們，也關於碎片大廈。那就是混凝土依然是我們社會的根柢，也是城市、道路、橋樑和發電廠的基石，占了所有建築的半數左右。但我們希望它和骨骼一樣藏在裡面，若顯露出來只會讓人感到不適。或許這並非混凝土的永久宿命，只是人類對它的狂熱第二度消退而已。第一波的狂熱始於古羅馬，後來莫名消退。新的混凝土更加精巧，或許能再次扭轉我們的觀感，點燃第三波狂熱。這些「智慧型」混凝土摻了細菌，能蓋出會呼吸的活建築，徹底改寫我們跟這個基礎建材的關係。

4
美味的巧克力

塞一塊黑巧克力到嘴裡，一開始你可能只覺得它的稜角頂到上顎和舌頭，嘗不出什麼滋味。你會很想咬下去，但請盡量忍耐，如此才能感受到接下來的變化：硬塊在舌頭的熱度降伏下，突然變軟。巧克力融化後，你感覺舌頭變涼了，甜中帶苦的滋味剎時漲滿口中，接著是果香和堅果味，最後會在喉間留下淡淡的土味。在那瞬間，你完全沉浸其中無法自拔，享受著這世界上最美好的人造物。

只融你口的技巧

巧克力的設計就是要入口即化，它是集數百年廚藝和製造技術的巔峰之作。當初製造商只是想創造一種新的熱門飲品，跟茶和咖啡分庭抗禮，可惜一敗塗地。直到他們發現熱巧克力直接入口比放在鍋裡更可口、更摩登也更受歡迎，這才扭轉局面，從此不再回頭。製造商發明了一種固體飲料，而這都要歸功於他們對結晶的知識與調控，尤其是可可脂結晶。

可可脂是植物界最精緻的油脂之一，跟牛油和橄欖油不分軒輊。純可可脂外觀近似精緻無鹽奶油，不僅是巧克力的基底，也是高級面霜和乳液的基本成分。別嚇壞了，脂肪對人類的貢獻本來就不只是食物，還可以用來製作蠟燭、乳霜、油燈、亮光劑和肥皂。不過，可可脂有幾點非常特別。首先是它的熔點和人體溫度接近，表示它平常可以固體方式存放，跟人體接觸時才會熔化，因此很適合製作乳液。此外，可可脂含有天然的抗氧化成分，可以防腐，存放多年也不會變質。相較之下，牛油的保鮮期只有幾週。可可脂的這一個特點不僅對面霜製造商是利多，對巧克力商也是好消息。

可可脂還有一項優點，就是它能形成結晶，使得巧克力棒的硬度夠高。可可脂的主要成分是一種叫做三酸甘油脂的大分子，它能以不同的方式堆疊形成多種結晶，感覺很像把行李堆進後車廂那樣，只是在多種堆法中，某些堆法會比其他方式更占空間。三酸甘油脂堆疊愈密，可可脂結晶就愈結實。結晶愈結實，熔點就愈高，也就更硬、更穩定。可可脂愈結實，巧克力的製作難度也愈高。

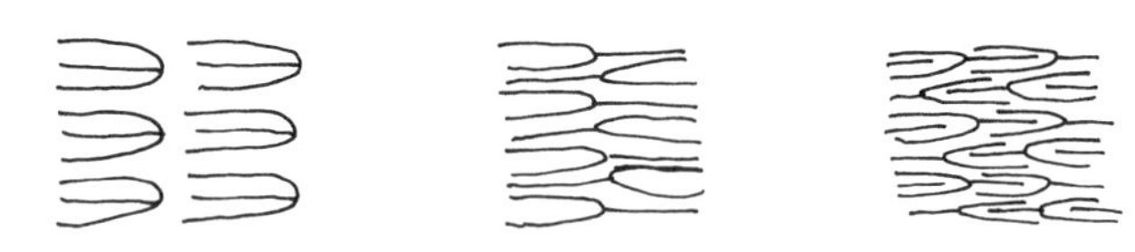

這張手繪圖展示了三酸甘油脂分子的不同結晶方式，每一種結晶的結構和密度都不相同。

結晶一號和二號比較柔軟，而且很不穩定，一有機會就會變成密度較高的結晶三號和四號。不過，結晶一號和二號很適合製作冰淇淋上頭的巧克力外層，因為它們的熔點只有16℃，就算擺在冰淇淋上也能入口即化。

結晶三號和四號又軟又脆，碎裂時不會「啪」的斷開。斷開這個特點對巧克力師父很重要，因為能增添品嘗巧克力的驚喜與趣味，例如用巧克力外殼包住柔軟的內餡，創造不同的口感。此外，就心理學來說，咬碎巧克力時的酥脆口感與聲響，會讓人感覺巧克力很新鮮，吃起來更加享受。雖然說軟綿綿的巧克力也有它的優點，但拿起巧克力棒往嘴裡一塞，結果發現它又軟又黏，一點也不酥脆，那滋味可是相當令人失望的。

基於上述理由，巧克力商並不想得到結晶三號和四號，可是這兩種結晶最容易製造。只要讓巧克力熔化後冷卻，幾乎都會得到結晶三號和四號。這類巧克力摸起來很軟，表面粗糙無光，放在手上很容易熔化，並且會慢慢變成更穩定的結晶五號，並同時會釋出部分的糖和脂肪，在巧克力表面形成白色粉末狀，稱為起白。

結晶五號是密度極高的脂肪結晶，會讓巧克力外表堅硬光滑，宛如鏡面，用力扳斷時會發出悅耳的「啪」聲。它的熔點比其他幾類結晶高，達到34℃，因此只會融於口中。由於這些性質，大多數巧克力製造商都希望製作出五號可可脂結晶。但說來簡單，做起來可不容易。製造商必須藉由「調溫」程序才能做出結晶五號，並在最後的凝固過程中加入結晶五號的「種子」，讓結晶速度較慢的結晶五號能搶得先

出現油斑起白的巧克力。

機，贏過結晶速度較快的結晶三號和四號，使得液態的巧克力凝固成更密實的五號結晶構造，不讓結晶三號和四號有機可乘。

當你把純的黑巧克力放入口中，感覺它要融化時，其實就是維持巧克力固態的五號可可脂結晶正在改變。想要妥善保存結晶五號，就必須維持18℃的恆溫。製造商會刻意設計成，當你把巧克力放進嘴裡時，是這些結晶頭一回接觸到更高溫度。這是它們的處女秀，也是告別作。巧克力逐漸溫熱至34℃的門檻後，就會開始熔化。

從固體變為液態稱為「相變」，必須靠能量打破結晶分子間的原子鍵，讓分子自由流動才能做到。因此巧克力到達熔點後，仍會從你的身體吸收額外能量進行相變。這時巧克力吸收的能量稱為潛熱，而這能量是由你的舌頭提供。你會感覺舌頭涼涼的很舒服，跟嚼薄荷一樣。它的原理和流汗一樣，只不過一個是巧克力經由舌頭吸收潛熱，由固態變為液體；一個從皮膚吸收潛熱，從液體（汗水）變為氣態。植物也是用同樣的方式散熱。

回到可可脂結晶。巧克力在口中融化不只帶來清涼感，更伴隨著有如瓊漿玉液的溫熱濃稠瀰漫齒間，正是這種反差的結合讓巧克力口感如此特別，彷彿剛喝下熱可可一般。

嗅覺與味覺的絕佳享受

接下來，巧克力裡的各種成分擺脫了可可脂晶格的羈絆，開始湧向味蕾。原本封在固態可可脂裡的可可粉重獲自由。黑巧克力通常含有50%的可可脂和20%的可可粉（包裝上會標示為「70%」黑巧克力），剩下的幾乎都是糖。30%的糖非常多，相當於直接吞下一匙糖粉。不過，黑巧克力感覺不會太甜，甚至完全沒有甜味，因為除了可可脂熔化釋出糖分外，可可粉也會釋出生物鹼和酚樹脂，也就是咖啡因和可可鹼分子，味道都非常苦澀，會活化苦味和酸味受器，抵消掉糖的甜味。巧克力製造商的首要工作就是調和這些味道，創造出均衡的滋味。而加鹽不只能提味，還開啟了巧克力的新視野，讓巧克力得以入菜。墨西哥的香草巧克力醬雞排便是以巧克力為醬底。

不過，煮過的巧克力跟直接品嘗時的味道並不相同。除了其中加了鹽之外還有一個原因。雖然基本味覺來自舌頭的味覺受器，包括苦味、甜味、鹹味和鮮味（肉味），不過大多數香味還是來自嗅覺。巧克力的多重滋味其實來自它在我們口中的氣味，因此一旦煮過，巧克力的香氣分子就會蒸發或遭破壞。不只熱巧克力如此，茶和咖啡也不例外。這就是為什麼咖啡和茶要一沖好就喝，不然香氣就會散逸無蹤。這也是為什麼感冒時經常食不知味，因為鼻子裡的嗅覺受器都被鼻涕蓋住了。讓巧克力在口中融化的高明之處就在這裡。可可脂鎖住香氣分子，等你咬下去才釋出六百多種各式各樣的香氣分子到你的嘴巴和鼻子裡。

你鼻子裡首先偵測到的香味是以「酯」分子為主的果香。這些分子就是啤酒和紅酒的香氣來源，水果的香味當然也源自於此。然而，生可可豆裡並沒有這類分子。我會知道是因為我吃過可可豆，味道簡直糟透了，又苦又澀，感覺就像在啃很老的木頭，完全聞不到果香，也沒有巧克力味，沒有人會想再嘗一次。要把長相奇特且味道不怎樣的豆子變成巧克力，可需要不少製造技術。你甚至會覺得不可思議，當初怎麼會有人想到要這麼做。

可可樹生長在熱帶地區，果實藏在大而飽滿的豆莢裡，看起來很像野生的厚皮橘子或胖茄子。豆莢直接長在樹幹上，而非枝枒，感覺非常原始，宛如史前作物。想像恐龍吃它（然後馬上吐出來）的畫面一點也不難。

長滿可可豆莢的可可樹。

可可豆生吃不可

每個豆莢裡會有三、四十顆柔軟肥嫩的白色核桃狀種子，尺寸和小粒梅子相去不遠。我頭一回見到可可豆，立刻興奮的拿了一顆扔進嘴裡，才一嚼出味道就吐了出來。我心想這真的是可可豆嗎？旁邊的人跟我說是。「但它嘗起來一點也不像巧克力！」我滿頭大汗的抗議道。我那天在宏都拉斯的一處可可園幫忙摘豆莢，不停的被蚊子咬，可可豆的味道又和我想的差太多，因此會那麼失望和不舒服也是情有可原。但我還是知道自己太暴躁了，講話的口氣就像《巧克力冒險工廠》裡的金獎券得主一樣，而可可園的景象也跟羅爾德‧達爾小說裡的場景一樣奇幻。矮小多節的可可樹在香蕉和椰子的樹蔭下生長著，樹幹上爬滿豆莢，葉子透著陽光幻化出千百種綠色。接下來發生的事更是非常有威利旺卡巧克力學校的風格。我們用柴刀收割可可樹的種子，然後扔在地上疊成一堆，任由它們腐爛。

繁複的化學過程

我後來發現這不是宏都拉斯特有的做法，所有巧克力都是這樣製成的。接下來兩週，種子開始腐爛發酵，溫度也不斷升高。這麼做是要「殺死」種子，不讓它們發芽長成可可樹。但更重要的是它還會促成化學反應，把可可豆裡的成分轉變成巧克力味的必要元素。不經過這個程序，再多其他方法都做不出巧克力。

水果氣味的酯分子就是在發酵過程中形成的，是可可豆裡的酶讓酸和乙醇發生酯化反應的結果。跟所有化學反應一樣，這個過程也受非常多因素影響，例如成分的比例、環境溫度和氧含量。這表示巧克力的味道不僅非常依賴可可豆的成熟度和種類，也取決於可可豆堆得多高、放置時間多長和平時的天氣等等。

你可能好奇巧克力製造商為何不常提到這些。那是因為這是商業機密。表面上可可豆和其他商品沒什麼不同，跟糖一樣是原物料，在國際市場交易裡為食品市場創造數十億美元的產值。但少有人提及可可豆跟茶和咖啡一樣，處理過程和品種的不同會造成味道上極大的差異。唯有對品種和處理過程瞭若指掌，才能買到對的可可豆。因此在製作頂級巧克力時，這方面的知識屬於極機密。此外，為了控制品質，還得考慮熱帶氣候的多變和偶爾暴發的疫病。總之，製造高品質巧克力需要大量照顧與注意，因此好的黑巧克力才會那麼貴。

不過，我們付錢買到的除了發酵促成的酯分子帶來的果香味，還有土味、堅果味和某種鮮味，這些味道都來自發酵後的程序，也就是曬乾和烘焙。和製作咖啡一樣，烘烤讓每粒可可豆都變成一座小型化學工廠，在其中進行多種反應。首先是可可豆裡的碳水化合物（主要是糖和澱粉分子）開始受熱分解，基本上類似用鍋子加熱純糖，碳水化合物會焦糖化。只是可可豆的焦糖化過程發生在豆子裡，使豆子由白轉棕，生成多種具有堅果焦糖味的香氣分子。

糖分子（無論在熱鍋上或可可豆裡）受熱會由白轉棕，是因為含碳。糖是碳水化合物，也就是由碳、氫、氧三種原子所組成。糖受熱後，長鏈狀的糖分子會斷成許多截，有些小到直接蒸發，也就是那些好聞氣味的來源。基本上，含碳的小段分子通常比較大，所以會留下來。這些分子的內部會形成「碳雙鍵」，有吸光作用，量少時會讓焦糖化的糖呈黃棕色。但若繼續烘烤則會讓糖分子變成純碳，內部只剩碳雙鍵，形成焦味和深棕色。完全烘烤會讓可可豆變成焦炭，是因為裡面的糖分子完全碳化，變成黑色。

溫度更高時會發生另一種反應，也會影響可可豆的顏色與氣味，那就是所謂的梅納反應。梅納反應是糖和蛋白質的作用。如果說糖是細胞世界的燃料，蛋白質就是主設備，是建造細胞和細胞內部結構的分子。由於種子（豆和堅果）必須具備足夠的蛋白質才能啟動細胞成長機制，讓植物發芽，因此可可豆必然富含多種蛋白質。當可可豆受熱超過160℃，裡頭的碳水化合物和蛋白質就會發生梅納反應，再跟之前發酵時產生的酸和酯作用，形成大量的小型香氣分子。少了梅納反應，這世界絕對乏味許多，這麼說一點也不誇張。麵包皮、烤蔬菜和許許多多烘烤類食物所散發的香氣，都是梅納反應的功勞。以可可豆來說，梅納反應不僅帶來了堅果香和鮮味，還減少了苦澀感。

把發酵烘烤過的可可豆磨碎後倒入熱水中，就會得到中美洲部落常喝的「巧克拉托魯」（chocolatl）。奧梅克人和後來的馬雅人最早種植可可豆，也最早發明熱可可，並且當成祭典用品和春藥長達數百年之久，甚至曾當成貨幣。歐洲探險家在十七世紀取得這種飲品後立刻引進回國，在咖啡館裡跟茶和咖啡一較高下，搶奪歐洲人的味蕾，結果鎩羽而歸。因為他們忘了表明「巧克拉托魯」的原意是苦水，而且就算加了非洲和南美蓄奴種植業製造的廉價砂糖，味道還是一樣有渣滓感且厚重油膩，因為可可豆裡有一半是可可脂。這樣的情況持續了兩百年。熱可可雖然有名，又有異國風味，卻不怎麼受歡迎。

不過，幾項製造工法的發明卻讓巧克力的命運就此改變。首先是荷蘭巧克力公司萬豪頓（Van Houten）於1828年發明的螺旋壓濾機。發酵和烘烤過的可可豆經過這台機器碾壓後，會濾出可可脂，把它和可可豆顆粒分離。可可豆去除脂肪後，就能磨成更細的可可粉，使得沖泡後的渣滓感消失，變得如絲絨般滑潤順口。用這種可可粉沖出的熱巧克力大獲好評，一直風行至今。

分離後再加起來

接下來的事只有違反直覺的天才才想得到：分離並純化可可脂後，也把可可粉磨細了，何不把兩者再混在一起，然後加上糖，創造出完美的可可豆，那種你希望就長在樹上，糖、巧克力和脂肪混合得恰到好處的可可豆呢？就像來到威力旺卡巧克力廠一樣？

比利時、荷蘭和瑞士都有巧克力商不斷朝這方面研發，然而最後卻是一家名叫佛萊氏（Fly's）的英國廠商做出了「用吃的巧克力」，製造出世界第一條巧克力棒。純化的可可脂融解在口中會釋出可可粉，瞬間讓人感覺有如嘗到了熱巧克力般。這種口感絕無僅有。由於可可脂的分量能獨立控制，不受可可粉和糖的影響，因此製造商可以創造出不同的滋味，滿足不同的喜好。 當時冰箱還沒發明，而可可脂含有抗氧化成分，能讓巧克力商品在架上長久保存。巧克力產業就此誕生。

1902年佛萊氏巧克力的廣告。

對某些人來說，含糖量30%的巧克力還是很苦，因此製造商又加了一樣東西，大幅改變了巧克力的滋味。那東西就是牛奶。牛奶讓巧克力的乾澀感大幅降低，使可可嘗起來更溫和，於是巧克力的味道就變得更甜了。瑞士人於十九世紀率先採用這個做法，在巧克力中加入了大量的雀巢奶粉。雀巢公司當時剛剛崛起，靠著把牛奶變成奶粉，把原本放不久也運不遠的生鮮食品，變成可以長期保存和長途運送的商品而嶄露頭角。巧克力和奶粉都能長久保存，結合在一起獲得了驚人的成功。

如今加入巧克力的牛奶各式各樣，所以世界各國的牛奶巧克力嘗起來才會差那麼多。美國使用的牛奶已經先用酶脫去了部分脂肪，使得巧克力帶有乳酪味，甚至有一點酸。英國則是在牛奶裡加糖，濃縮後再加到巧克力裡，創造出淡淡的焦糖味。歐洲依然使用奶粉，讓巧克力帶有鮮乳味和粉粉的口感。各國的口味都很難外銷。雖然全球化大行其道，各國民眾習慣和偏好的牛奶巧克力口味卻非常在地，讓人相當意外。

不過，所有牛奶巧克力都有一項特點，就是牛奶在加入前幾乎都已經不含任何水分。這是因為巧克力粉有親水性，見水就吸，但吸了水就會脫去脂肪外膜，因為水和脂肪互不相溶。結果就是巧克力變成黏糊糊的，很像馬雅人喝的巧克拉托魯。只要用水溶解巧克力做過醬汁的人，都遇過這個問題。

最美好的滋味

許多人都嗜食巧克力，我也一樣，而原因不只是味道，還包括巧克力裡有一些精神作用物質，其中最多人知道的就是咖啡因。可可豆裡有少量咖啡因，而巧克力因為含有可可粉，所以也有咖啡因。另一個精神作用物質是可可鹼，和咖啡因一樣是興奮劑兼抗氧化劑，但對狗來說是劇毒。每年都有許多狗誤食巧克力而喪命，尤其是在復活節和聖誕假期。可可鹼對人的效果溫和許多，而巧克力比起茶和咖啡，刺激度也小了許多，因此就算每天吃十二條巧克力棒也只等於喝了一、兩杯濃咖啡。巧克力還含有大麻素，吸食大麻會覺得亢奮就是因為這個化學物質。不過，巧克力裡的大麻素一樣含量很少。研究人員針對巧克力嗜食現象進行分析時也發現，沒有什麼證據支持嗜食巧克力跟這些物質有關。

於是，這留下另一個可以解釋巧克力上癮症的原因。不是化學效果，而是品嘗巧克力的感官經驗令人沉迷。巧克力和其他食物都不一樣。巧克力融在口中時，那溫溫濃濃的巧克力醬會突然散發一股強烈複雜、又苦又甜的豐富味道。它不只傳遞一種味道，更傳遞一種口感，令人放鬆與安心，同時又令人興奮，簡單說就是它滿足的不只是口慾。

絕妙的感官刺激

有些人說吃巧克力勝過接吻，科學家也真的做過實驗來測試這個說法有沒有根據。2007年，路易斯（David Lewis）博士領導的團隊徵求了幾對熱戀中的情侶，先測量情侶接吻時的腦部活動和心跳速率，再記錄他們個別吃巧克力時的腦部活動和心跳速率。結果發現，接吻雖然會讓心跳加速，效果卻不如吃巧克力那麼持久。研究還顯示巧克力開始在口中融化時，大腦所有區域得到的刺激，比接吻帶來的亢奮還要強烈和持久。

雖然這只有單一項研究，卻支持了前述的說法，也就是對許多人而言，吃巧克力的感覺比接吻還好。巧克力品牌更大力推銷巧克力和強烈感官愉悅的關聯，其中最有名的或許是吉百利雪花（Cadbury's Flake）巧克力長年推出的電視廣告了。

我看過的第一支雪花巧克力廣告是一個女子正在泡澡，泡得很愉快。但我當時年紀太小，還無法體會泡澡的愉悅。對我來說，泡澡只是為了潔淨身體，而且通常很冷，因為我得等三個哥哥泡完了才能進去。1970年代能源昂貴，而且我們家的熱水常常不夠，只在爸媽准我帶玩具船進去浴室玩時，我才覺得泡澡很開心。廣告裡的女子沒有玩具船，只有一條雪花巧克力棒。但她每咬一口，就好像幸福洋溢，彷彿嘗到最純粹的愉悅般。我發現我從不曾經歷過那種愉悅，在泡澡時更沒體會過。那則廣告深深打動了我和我哥哥，我們甚至要求母親讓我們在泡澡時吃巧克力，可惜她非但不為所動，還禁止我們看廣告。不過這命令完全無法執行，因為我們家根本沒電視，雪花巧克力廣告是在朋友家過夜時看到的。我直到很後來才恍然大悟，她不准我們再看那則廣告不是因為洗澡時吃巧克力的緣故。

雪花巧克力的廣告從1950年代一直延續至今，廣告裡永遠是一個女子一邊享受悠閒時光，一邊偷偷愉悅品嘗雪花巧克力。巧克力棒的形狀與大小，還有廣告中女子充滿暗示意味的動作和陶醉的神情，即使沒有任何裸露畫面（完全只是暗示而已）還是引起觀眾強烈的警覺與憤怒。的確，只要到YouTube去看所有的雪花巧克力廣告，就會發現在暗示性上，早期比現在要強烈得多。不過，要求審查這些廣告的呼聲雖然得到了回應，廣告裡的信息卻還是傳遞出去了，而且似乎廣獲迴響。這或許更證明事實果真如此：對許多人來說，巧克力真的比性愛還棒。

1960年代雪花巧克力廣告的女星唐娜·埃文斯（Donna Evans）。

在巧克力消費量最高的國家裡，瑞士名列第一，其次是奧地利、愛爾蘭、德國和挪威。事實上，巧克力消費量最高的前二十個國家中，十六個在歐洲北部。美國人喜歡用巧克力調味勝過直接吃巧克力棒，半數以上的美國人說他們喜歡巧克力飲料、巧克力蛋糕和巧克力餅乾勝過其他巧克力產品。既然大家都說巧克力比性愛還棒，我們很難不從上面的發現推出某些結論。但歐洲國家巧克力消費量極高其實還有另一個解釋，答案同樣和溫度有關。

巧克力含在口中要能迅速融化，室溫必須稍低才行。若天氣太熱，巧克力不是在貨架上就融了，就是得放進冰箱，結果適得其反：冷冰冰的巧克力還來不及融化就被吞進肚子裡了。這或許可以解釋，位於熱帶的中美洲原住民雖然發明了巧克力，卻始終把它當成飲品，沒有做成固體的巧克力。此外，固體巧克力暴露在20℃以上的高溫時，例如放在陽光下或車子裡，晶體結構就會徹底改變，而且效果立刻看得見，因為巧克力表面會「起白」，脂肪和糖會浮到表面形成白色結晶狀粉末，留下河流般的痕跡。

有潛力的健康食品

巧克力不僅能帶來純粹的愉悅，高糖含量及咖啡因和可可鹼的興奮效果也賦予巧克力另一個角色。有句廣告詞總結得好：「每天一條士力架，暢快工作、休息，而且玩耍不停歇。」法國人說：「累了嗎？來條士力架再上路！」德國人也說：「一條士力架，體力飽滿精神佳！」由於巧克力棒含糖量超過50%，脂肪超過30%，因此顯然能提供高濃縮的能量，立刻振奮精神。不過也因為這個道理，大量攝取巧克力到底健不健康也引來不少質疑。

首先，可可脂是飽和脂肪。這類脂肪會提高心臟病的風險。不過，進一步研究顯示，身體消化飽和脂肪時會把它轉成不飽和脂肪，而不飽和脂肪是良性的。此外，可可粒子含有多種抗氧化劑，但目前對於這些抗氧化劑在人體內的作用還不清楚。不過，哈佛大學做的控制對照研究顯示，相較於完全不吃巧克力，固定食用少量黑巧克力能延長平均壽命。原因目前還不知道，相關研究也正在進行。當然，食用過量只會造成肥胖，並抵消所有好處。總之，巧克力的功效還未有定論。但撇開攝取過量不談，專家已經不再認為巧克力有害健康，甚至覺得它有益健康。

因此，雖然離拿巧克力當藥或給孩子當學校營養午餐的時刻還早得很，但基於前述理由，巧克力已經是許多國家的標準軍糧配給。巧克力能提供糖分以恢復活力，提供咖啡因和可可鹼來刺激大腦活動，補充大量活動所耗損的脂肪，而且它還可以保存數年。最後但也最具爭議的一點——它或許還能緩解性挫折。

我自己也很愛吃巧克力，每天下午和晚上都吃。這是因為我看太多雪花巧克力的廣告而被洗腦了，還是因為心理上對物質的依賴，或是我的北歐成長背景讓我有性壓抑的傾向，我不知道。但我寧可相信，是因為我真心敬佩它是人類製造技術的偉大發明。製作巧克力所需的技術之複雜與高明，絕對不下於鋼鐵和混凝土。人類憑著驚人的天才，把這個平淡無奇、味道令人作嘔的熱帶果實變成冰冷、堅硬而易碎的固體，就為了讓它達成一件事：融於口中，用溫暖、芬芳、苦中帶甜的滋味填滿我們的口腔，活化大腦的快樂中樞。科學對它的理解再多，還是無法用言語或方程式表露於萬一。我覺得巧克力就像一首詩，跟十四行詩一樣複雜與美好。這就是為什麼在林奈分類系統上會用希臘文*theobroma*來為它命名，因為巧克力確實恰如其名，theobroma的意思就是「神吃的食物」。

5

神奇的發泡材質

難忘的驚鴻一瞥

1998年某一天，我走進實驗室就看見一位技術人員把一塊材料從顯微鏡下取出來。「我不曉得你能不能看到這個，」他說：「所以我們還是謹慎點，免得我報告寫不完。」然後他就匆匆把那塊材料蓋上。

我當時在為美國政府工作，地點在新墨西哥州一處沙漠裡的核武實驗室。身為英國公民，我只通過最低的身家調查，因此實驗室裡有些地方我不能去，事實上幾乎所有地方我都不能去。但這是我工作的實驗室，因此技術人員的反應實在很怪。不過我知道最好別多問。

當時是1990年代末期，中國間諜滲透美國國家實驗室的問題非常敏感。華裔科學家李文和才剛因為中國竊取核能機密而遭逮捕、判刑和單獨監禁*。我常接受安全查核，而我的美國同事也不斷受到上級壓力，必須回報跟我交談中的任何不尋常之處。對我這種天生好問又愛開玩笑的英國人來說，亂問問題可是很危險的。不過，那材料真的很特別，雖然我只瞬間瞄到一小塊，卻忘也忘不掉。

我們的研究團隊經常在中午一起去實驗室附近的幾間自助餐廳吃飯。這表示我們必須離開冷氣的呵護，迎向刺眼的沙漠，到烤乾的柏油地停車場牽車，然後通過鐵絲網高牆，

* 李文和後來只被控不當處理機密資料，而他也選擇認罪。法官事後因判他單獨監禁而向李文和致歉。

駛入點綴著仙人掌的金色沙漠，朝空軍基地的方向前進。一路上我們會望著車子周圍的熱浪發呆，放眼望去見不到任何影子。那地方實在太不真實，而我們要做的事又那麼平常，顯得一切更加奇幻。幾輛車駛在沙漠上，車子遭無情的太陽烤得滾燙，目的地是供應德州墨西哥菜的自助餐廳，這就是我們做的平常事之一。我們每天瞎聊，對話都被酷熱烤得乾枯無趣。那個神祕材料每天都會在我心頭浮現，讓我好奇它到底是什麼。我不能跟任何人談它，反而讓我更忘不了它。

我記得它是透明的，卻奇怪的呈乳白色，很像珠寶的全像，是虛幻不實的物質。我之前絕對沒有見過這種東西。我忍不住胡思亂想，難道它是從外星人的太空船上搶來的？一陣子之後，我開始懷疑自己真的看過它，接著又疑神疑鬼，心想他們是不是正在對我洗腦，讓我以為一切只是自己的想像。我每天開車往返自助餐廳時總是不停對自己說：「我真的看到了。」不知道為什麼，我就是覺得它屬於我。最後我甚至擔心它被人虐待。就是那時候，我發現自己不能再待下去了。

直到幾年後，我才又見到它。那時我已經回到英國，在倫敦國王學院擔任材料研究小組主任。有天下午我在家裡做生日卡片，打算送我哥哥丹恩，忽然聽見電視新聞報導，美國航太總署的星塵號太空船已經於2004年1月2日成功接觸了威德二號彗星，接著螢幕上出現了我的那個材料。呃，當然不是我的材料，只是我很希望它是我的。「所以它是外太空來的！」我在空蕩蕩的家裡振臂高呼，隨即興沖沖跑到電腦前搜尋更多資訊。我心想：「他們正在外太空採集它。」我想錯了。

跟果凍一樣的東西

那東西其實是名叫「氣凝膠」的物質。我完全誤解那則新聞了。美國航太總署不是在採集氣凝膠，而是用氣凝膠來採集星塵。我沒再多想，而是趕緊上網搜尋氣凝膠的資訊和歷史。我發現氣凝膠不是來自外太空，但它背後的故事還是奇特得很。氣凝膠是1930年代發明的，發明人是名叫契史特勒（Samuel Kistler）的美國人。契史特勒原想研究農學，後來卻變成化學家，他發明氣凝膠純粹出於對果凍的興趣。果凍？

契史特勒問：果凍是什麼？他知道果凍不是液體，但也不算固體，因此他認為果凍是困在固體裡的液體，但這個固體監獄的鐵柵是細到看不見的網格。可食膠體的網格是由長串的明膠分子組成，主要成分為膠原蛋白。絕大多數的結締組織都由膠原蛋白構成，像是腱、皮膚和軟骨。明膠分子入水後會先分解再連成網狀，把液體鎖住讓它無法流動。因此，果凍基本上就像灌了水的氣球，只不過它並非靠外層的薄膜把水困住，而是從裡面讓水不能流動。

果凍網格內的水分子是由表面張力拉住的。水會潮濕、形成水滴和附著在其他東西上，都是表面張力的作用。果凍網格內的表面張力強度剛好，既讓水無法掙脫，但可以晃動，所以果凍才會那麼柔軟又有彈性，有那麼奇特的口感。果凍幾乎百分之百是水，熔點為35℃，因此一放入口中，明膠網格就會瓦解，讓水迸射而出。

果凍是困在固體網格內的液體，這解釋雖然簡單，但契史特勒還不滿意。他想知道果凍內看不見的明膠網格是不是一個整體，也就是網格是不是一個共聚而獨立的內在框架？如果把液體移走了，網格是不是依然存在？

為了回答這個問題，契史特勒做了一系列實驗，並於1931年把結果投給《自然》科學期刊（3211號，卷127，741頁），標題為〈共聚擴散氣凝膠與果凍〉。他開頭就寫：

> 果凍內液體的連續性展現在擴散、脫水及超濾，而且可由其他性質不同的液體替換，清楚表示膠體結構和內部的液體可能是互相獨立的。

契史特勒開頭這段話的意思是，實驗顯示果凍內的液體是連成一體的，而非分成小塊，而且可以替換成其他液體。他認為這表示果凍內的固體結構可能和液體是互相獨立的。此外，他用涵蓋範圍更廣的「膠體」一詞取代果凍，表示所有類似膠體的物質都有這個特性，從非常接近固體的物質到非常接近液體的物質都是如此，髮膠、雞高湯和凝固中的水泥（網格由矽酸鈣原纖維組成）無一例外。

契史特勒接著指出，目前還沒有人能把果凍內的液體和固體結構分離。「之前有人藉由蒸發去除果凍內的液體，但由於果凍縮得太厲害，使得固體結構也大受損害。」換句話說，之前的人想用蒸發去除果凍內的液體，結果內部固體結構直接塌了。契史特勒驕傲的說，他和合作夥伴已經找到了解決之道：

> 我和能利德（Charles Learned）先生認為，果凍內的液體可用氣體代換，並且在麥克班（J.W. McBain）教授的慷慨協助及建議下，做了實驗來檢驗我們的假說，結果大獲成功。

這個做法的高明之處在於保留果凍內的液體，然後用氣體去代換，藉由氣體的壓力支撐住固體結構，使它不至於崩塌。不過，契史特勒和能利德首先用液態溶劑（他們用的是酒精）來取代液體，因為液態溶劑比較好操控，但壞處是它也會蒸發。不過，契史特勒和能利德找到了解決方法：

> 蒸發一定會導致果凍萎縮。但只要把果凍放到高壓釜裡，注入該液體並把溫度提高到液體的臨界溫度之上，壓力維持在蒸氣壓以上，就能阻止液體蒸發，而膠體也不會因為表面毛細力而收縮。

高壓釜其實就是能加熱的高壓槽。釜內只要加壓足夠，果凍內的液體就算超過沸點也不會蒸發。至於契史特勒提到的毛細力，則來自液體的表面張力。契史特勒認為當液體因蒸發而流失，原本支撐住果凍的毛細力反而會把果凍撕裂。但只要把果凍的溫度提高到所謂的「臨界溫度」之上，使氣體和液體的密度及結構相同，兩者不再有任何區別，果凍內的液體就會直接變成氣體，而不受蒸發的過程破壞。契史特勒寫道：

> 液體超過臨界溫度就會直接變為永久氣體，中途沒有斷續。果凍不會「知道」它裡面的液體已經變成氣體了。

這個做法實在太天才了。果凍內新形成的氣體受制於釜裡的高壓而無法掙脫，使得果凍內的固體結構得以維持。

剩下要做的只是讓氣體散逸，留下體積不變的共聚氣凝膠。

直到這時，契史特勒才讓氣體慢慢散逸，完整保留了果凍內的固體結構，且力學構造完全不變，從而證實了他的假說。那一刻肯定非常令人滿足。但契史特勒還不肯罷手。果凍的固體結構非常輕盈、脆弱，大部分由空氣組成，其實它就是泡沫。契史特勒心想，若膠體不是由明膠構成，而是更堅固的物質，固體結構或許就會更強韌。於是他選擇了玻璃的主要成分，製造出了以二氧化矽為固體結構的膠體，接著再按先前的程序去除膠體中的液體，製造出世界上最輕的固體：二氧化矽氣凝膠。那年我在沙漠實驗室裡驚鴻一瞥的東西就是它。

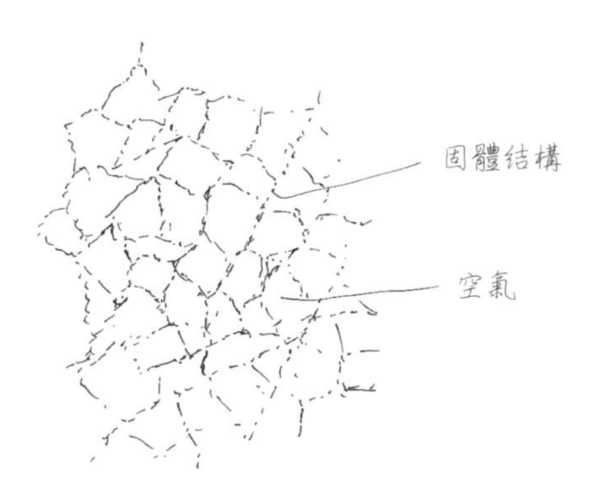

果凍的固體結構。

契史特勒仍不滿足，又做了其他的氣凝膠，並列在投稿的論文裡：

> 我們已經做出了二氧化矽、氧化鋁、酒石酸鎳、氧化錫、明膠、石花菜、三氧化鎢、硝化纖維、纖維素和卵白蛋白的氣凝膠，而且這個名單似乎還能無限制擴展下去，沒有做不到的理由。

契史特勒雖然成功做出二氧化矽氣凝膠，卻還是忍不住做了卵白蛋白（也就是蛋白）氣凝膠。因此，其他人是用蛋白製作蓬鬆的煎蛋捲和烤蛋糕，契史特勒則是另起爐灶，用高壓釜製作蛋白氣凝膠，做出全世界最輕的蛋白霜。

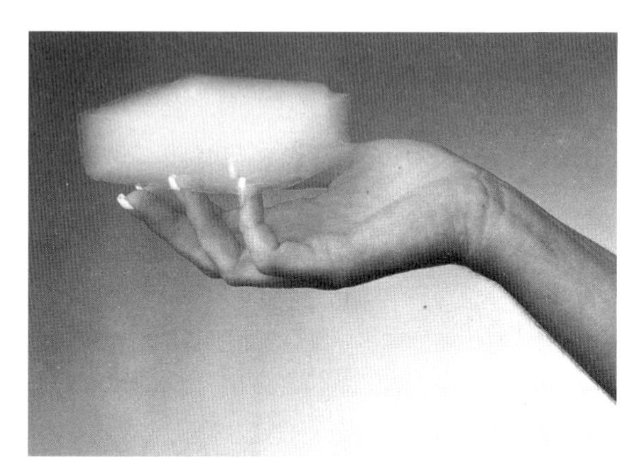

二氧化矽氣凝膠是全世界最輕的固體，99.8% 是空氣。

二氧化矽氣凝膠的外表非常詭異，放在暗色前（如上圖）會呈藍色，放在淺色前卻幾乎消失不見。它雖然不像玻璃那麼透明，卻比玻璃更隱形、更難看見。光穿透玻璃時會微微偏斜，也就是折射，偏斜的角度稱為折射率。氣凝膠的物質含量極少，因此光穿透時幾乎不會偏折。同理，氣凝膠的表面幾乎不會反射光線，而且由於密度極低，所以沒有明顯的邊角，實在不算是真正的固體，也當然不是固體。果凍內的固體結構和泡沫的結構差不多，只有一點非常不同，就是果凍裡所有的孔洞都連在一起。由於孔洞極多，二氧化矽氣凝膠99.8%是空氣，密度只約略大於空氣的三倍，基本上等於沒有重量。

握在手中的藍天

然而，氣凝膠放在暗色前又顯然是藍色，它的成分是玻璃，照理不該有任何顏色。科學家多年來一直百思不得其解，後來終於找到答案，這答案也沒有讓人失望，同樣很怪。

太陽光穿透地球大氣層時會擊中許多分子（主要為氧和氮），並且像彈珠一樣從這些分子身上反彈，這個現象稱為散射。也就是說晴天時往天空看，陽光會在大氣層裡反彈多次才進入我們的眼睛。如果陽光散射均勻，天空看起來就會是白色的，可惜不然。因為短波長的光比長波長的光更容易散射，使得在天空中藍光比紅光和黃光反彈更多，所以當我們仰望天際，見到的不是白色天空，而是藍天。

這個現象稱為瑞立散射，這個散射的量非常小，必須聚積大量氣體才看得見。因此在天空中可以看見這個現象，而只靠房間裡的空氣則不行。換句話說，一小塊天空不會呈現藍色，整個大氣層才會。不過，當少量空氣由透明物質封住，而這個物質又有數以百億計的微小表面，那麼透明物質內部的瑞立散射量，就足以改變入射光的顏色。二氧化矽氣凝膠的結構正是如此，所以才會呈藍色。手裡拿著一塊氣凝膠，其實就等於握著一大片天空。

氣凝膠泡綿還有其他有趣的性質，其中最神奇的就是隔熱，也就是它能阻絕熱的傳導。氣凝膠的隔熱效果非常驚人，就算底下放一具本生燈，上頭放一朵花，幾分鐘後花朵依然芬芳如故。

二氧化矽氣凝膠保護花朵不被本生燈燒焦。

雙層玻璃的原理就是在兩片窗之間保留空隙，讓熱難以傳導。不妨把玻璃中的原子想像成搖滾演唱會的觀眾，所有人擠在一起舞動身體。音樂愈大聲，觀眾跳得愈起勁，彼此的碰撞也愈頻繁。玻璃內部也是如此：受熱愈多，原子振動愈劇烈，而物體的溫度其實就是原子振動的幅度大小。不過由於雙層玻璃之間有一道空隙，使得其中一面玻璃的原子振動很難把能量傳導到另一面玻璃去。當然，隔熱是冷熱不分的。雙層玻璃可以用在北極讓建築保持溫暖，也能用在杜拜把炙熱阻絕在建築之外。

雙層玻璃雖然有效，卻仍會損失大量熱能，住在酷熱或嚴寒地區的人只要看一下電費帳單一定曉得。能改善嗎？呃，我們當然可以使用三層或四層玻璃，只要增加玻璃以阻擋熱傳導即可。但玻璃很厚實，增加玻璃層數會變得笨重，透明程度也會降低。這時就輪到氣凝膠上場了。因為它是泡綿，等於億萬萬層玻璃和空氣，所以隔熱效果驚人。契史特勒發現氣凝膠有隔熱和許多其他特性，便在投稿的論文結語中寫道：

> 上述觀察除了深具科學意義，氣凝膠帶來的新物理性質也很有意思。

的確很有意思。契史特勒發現了世界上最好的絕熱體。

科學界對他的發現短暫讚賞過一陣子，隨即忘得一乾二淨。1930年代，科學家還有其他事情好做，很難判斷哪些發明會改變世界，哪些會被遺忘。契史特勒發明氣凝膠的1931年，物理學家魯斯卡（Ernst Ruska）做出了全世界第一台電子顯微鏡。契史特勒投稿的那一期《自然》裡，諾貝爾獎得主物理學家小布拉格（William Lawrence Bragg）發表了晶體內電子繞射的文章。這些科學家發明了視像化的觀測工具，讓我們得以了解物質和材料的內在結構。這是十六世紀光學顯微鏡發明以來，人類再次發明顯微鏡，而新的微觀世界也就此展開。材料科學家立刻開始探索金屬、塑膠、陶瓷和細胞的內在構造，從原子和分子層面了解這些物質。那是一段令人振奮的時光，材料界突飛猛進，科學家很快就做出了尼龍、鋁合金、矽晶片、纖維玻璃和許多革命性的新材料。氣凝膠就這麼消失在眾聲喧譁中，遭所有人遺忘了。

只有一個人還記得，就是契史特勒本人。他覺得膠體結構的美和隔熱特性實在太特別了，應該，也必然在未來占有一席之地。雖然二氧化矽氣凝膠跟玻璃一樣脆弱易碎，但以它極輕的重量而言強度相當足夠，顯然有工業價值。於是他申請了專利，授權給一家叫做孟山都集團的化學公司生產，於1948年完成一種粉狀的二氧化矽氣凝膠，命名為山都膠（santogel）。

做為世上最佳的絕熱材料，山都膠似乎前途看好，只可惜生不逢時。1950年代能源價格不斷下滑，也沒有發現全球暖化的問題。氣凝膠造價太高，做為絕熱材料一點也不實惠。

孟山都在絕熱材料市場鎩羽而歸，只好另闢蹊徑，為山都膠在墨水和塗料市場找出路，因為山都膠有散光性，能讓墨水和塗料變暗，創造出霧面效果。最後山都膠總算找到一份不大光彩的差事，就是充當綿羊用防蠅膏的增稠劑和「凝固汽油彈」的膠化劑。但由於1960和1970年代還有更廉價的選擇，使得山都膠連這麼一小塊市場都保不住，孟山都決定全面停產山都膠。契史特勒於1975年過世，生前始終無緣見到這個神奇無比的材料出人頭地。

飛向太空的材質

後來氣凝膠東山再起，不是因為找到了商業用途，而是它的特殊性質引來歐洲粒子物理研究中心粒子物理學家的注意。他們當時正在研究所謂的契忍可夫輻射，也就是次原子粒子以超光速穿透物質時發出的輻射。偵測和分析契忍可夫輻射可以了解粒子性質，並提供科學家一種新穎的方法來辨識粒子的種類。氣凝膠非常適合做為粒子穿透用的物質，因為它可以說是固態的氣體。直到現在，氣凝膠依然是物理學家破解次原子世界謎團的絕佳幫手。氣凝膠一旦成功踏進物理學家的實驗室，有了這些複雜儀器、遠大目標和大筆經費加持，名聲也就再度水漲船高。

1980年代初期，氣凝膠非常昂貴，只有資金充裕的實驗室才用得起。歐洲粒子物理研究中心是其中之一，美國航太總署則緊跟其後。二氧化矽氣凝膠在太空探測上的初試啼聲之作，是隔離儀器不受極高溫的破壞。氣凝膠特別適合這類任務，不僅因為它是世界上最好的絕熱體，還因為它非常輕盈。為了讓太空船擺脫地球重力進入太空，減輕零件和設備重量非常關鍵。1997年，氣凝膠首次使用在火星拓荒者號上，從此便成為太空船的標準絕熱材料。不過，美國航太總署的科學家一旦發現氣凝膠能耐受太空飛行，就想到它還有另一個用途。

捕捉太空物質

若你在晴朗的晚上仰望夜空，偶爾會見到流星一閃劃過天際。人類很早就知道流星是因高速穿越地球大氣層，而受熱爍亮的隕石，這些隕石主要來自彗星、小行星和太陽系四十五億年前形成時所殘留的太空塵。人類數百年來一直努力辨識這些天體的構成元素，因為這類知識有助於我們理解太陽系如何形成，甚至能解釋地球的化學組成。

分析隕石的組成元素確實能看出一些有意思的線索，問題是這些成分通過地球大氣層時都經過高溫燃燒。因此美國航太總署的科學家就想：要是能到外太空採集這些物質，再原封不動帶回地球，那不是更好？

這個構想的第一個難題是太空中的物體往往移動迅速，例如太空塵一般速度為每秒5公里，相當於時速1萬8千公里，比子彈還要快得多，採集起來並不簡單。用肉身抵擋子彈時，若子彈的力道超過皮膚的破壞壓力，子彈就會貫穿皮膚；若是穿了高破壞強度材質（如克維拉纖維）做成的防彈背心，子彈就會遭壓扁變形。無論如何，上述兩種方法都很危險，不過原則上是可行的，就像「徒手」接板球或棒球一樣。關鍵在於分散球的能量，避免單一點的高壓撞擊。因此，美國航太總署需要找到一個方法或一樣東西，能讓太空塵從時速1萬8千公里減速為0，又不會損及太空塵或太空船。這東西必須密度極低，讓太空塵粒子可以緩緩減速不會受損，但又要在幾釐米的距離內就做到，而且最好是透明的，方便科學家找到射入的太空塵。

如果這世上真有這種東西就已經夠神奇，沒想到美國航太總署還早就用在太空飛行上了。不用說，這東西就是氣凝膠。氣凝膠捕捉太空塵的力學原理其實跟特技演員跳樓一樣。演員墜落在堆成小山的紙箱上，每個紙箱被壓垮時都吸收掉了部分衝力，因此紙箱愈多愈好。同理，氣凝膠裡的每個「泡泡」遭太空塵粒子撞擊時，都會吸收掉一點點能量，但由於每立方公分內都有數十億個泡泡，因此氣凝膠足以完好無缺的攔阻住太空塵。

依據氣凝膠的特性，美國航太總署規劃了一整套太空任務，讓太空船在太空中輕柔採集太空塵。1999年2月7日，星塵號太空船發射升空，船上裝載了穿越太陽系所需的裝置，並且設定飛向威德二號彗星。美國航太總署除了希望採集外太空的星際塵埃，也打算蒐集彗星釋出的塵埃，以便研究星體和彗星的構成元素。為了完成任務，他們設計了一個很像巨型網球拍的工具，只是絲線之間不是空洞，而是塗滿了氣凝膠。

隨星塵號遠航

2002年夏秋兩季，星塵號太空船來到遙遠的外太空，方圓數百萬公里之內見不到半顆行星。它打開活門，伸出塗滿氣凝膠的巨型球拍，只不過這場星際網球賽沒有對手，而且要接的球小到要用顯微鏡才看得見。其他恆星殘骸早已消逝無蹤，只剩太陽系的渣滓還在太空中飄浮。但星塵號不能在遙遠的外太空逗留太久，它還得趕去跟剛剛通過太陽系外圍，朝太陽系中心奔去的威德二號彗星碰面。星塵號收起氣凝膠球拍，加速迎向這位每6.5年接近太陽系一次的訪客。星塵號耗費一年多才抵達會面地點。2004年1月2日，它發現這顆直徑5公里的彗星就在前方，正加速朝太陽逼近。星塵號調整方向飛入彗星後方237公里的滑流裡，再次打開活門伸出氣凝膠球拍，這回使用反面，開始執行人類首次的彗星塵埃採集任務。

任務完成後，星塵號啟程回航，兩年後返抵地球。快到地球時，它改變航向並拋出一枚小膠囊。膠囊受地球重力牽引以時速12.9公里穿越大氣層，創下返回地球的最快速度，自己也化成了流星。自由墜落15秒並達熾熱溫度後，膠囊張開減速降落傘減緩下降速度，並於幾分鐘後來到了美國猶他州沙漠上空3千公尺處。膠囊上的減速降落傘脫落，主降落傘張開。這時地面的回收小組已經差不多知道膠囊會落在何處，於是朝沙漠駛去，預備迎接經歷了7年旅程，來回航行了40億公里的膠囊降落。膠囊於格林威治標準時間上午十點十二分落地，日期是2006年1月25日週日。

美國航太總署加州帕薩迪納噴射推進實驗室的星塵計畫主持人德克斯布里（Tom Duxbury）表示：「我們的感覺就像父母親迎接少小離家終於歸來的孩子一樣，而他帶回來的答案將足以解開我們太陽系最深邃的謎團。」

不過，在打開膠囊檢視氣凝膠採集到的樣本之前，科學家自己也不曉得膠囊到底帶回了什麼，又能解開哪些謎團。也許太空塵直接穿過氣凝膠，什麼也沒留下來；也許返回地球的震盪和減速讓氣凝膠解體了，變成無用的細粉；也許星球之間根本沒有太空塵。

其實根本不用擔心。他們把膠囊帶回航太總署實驗室，打開後發現氣凝膠沒有受損，幾乎完好無缺，表面出現一些微小的鑿痕，檢查後證實那些都是大空塵的進入點。面對一顆早在地球誕生之前就已經存在的彗星，氣凝膠做到了其他材料都無法達成的任務：把彗星拋出的塵埃樣本原封不動帶回地球。

取回膠囊後，航太總署的科學家花了許多年找出氣凝膠內的塵埃，直至現在仍在進行中。他們尋找的微粒，肉眼看不到，必須靠顯微鏡幫忙，因此才需要這麼多年。由於工程太過龐大，航太總署甚至開放民眾協助。「在家找星塵」計畫訓練民眾擔任志工，使用自家電腦檢視數千張氣凝膠樣本顯微影像，尋找太空塵的跡證。

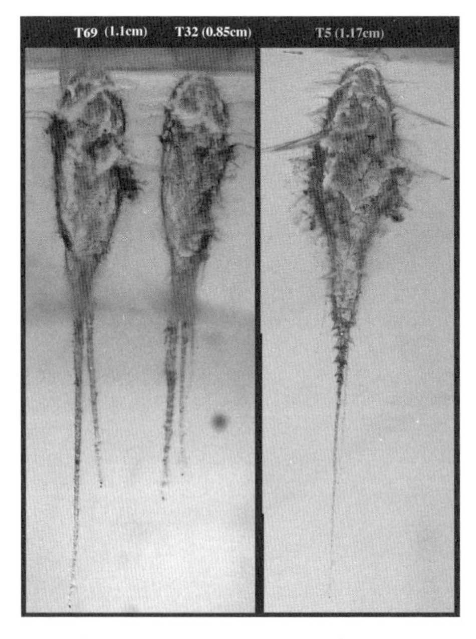

顯微鏡下看到的氣凝膠內彗星塵埃軌跡。
（美國航太總署提供）

這項研究目前得到了一些有趣的發現。其中最令人意外的就是，從威德二號彗星上取得的塵埃絕大多數都帶有含鋁熔滴。但熔滴需要1,200℃以上的高溫才能形成，而彗星始終在冰冷的太空中飛行，實在很難想像會有這類化合物。由於一般認為彗星是在太陽系誕生之初形成的冰岩，使得熔滴的存在就算不是不可能，也有些令人意外。這似乎顯示彗星形成過程的傳統解釋是錯的，或者我們對於太陽系的形成還有許多不了解之處。

星塵號完成任務之後，前陣子終於燃料用罄。2011年3月24日，美國航太總署命令星塵號停止通聯，星塵號在距離地球3億1千2百萬公里外的太空中做了最後一次回應，表示收到指令，接著便和世人永別了。它目前正在浩瀚無垠的宇宙中航行，成了人造的彗星。

星塵號的任務結束了，氣凝膠的光輝歲月是不是也走到了盡頭？很有可能。雖然氣凝膠是世界上最好的絕熱體，可是價格太貴，而且人類也不曉得是不是真正有心重視環保，願意考慮量產氣凝膠。目前有幾家公司銷售氣凝膠絕熱體，但多半還是供極端環境（如鑽油工程）使用。

或許環境因素會讓能源價格愈來愈高。一旦能源費用過高，不難想像目前盛行的雙層玻璃或許會由更先進的玻璃材料取代，例如氣凝膠。研發新式氣凝膠的腳步正逐漸加快，目前已經有一些新技術能製造出具有彈性的可彎折氣凝膠，不再像二氧化矽氣凝膠那麼脆弱易碎。這種名為「x氣凝膠」

的材料是用化學反應把剛硬的氣凝膠泡沫牆分解，插入聚合物分子當成鉸鍊，以增加氣凝膠的彈性。x氣凝膠可以做成極具彈性的材料，如紡織原料，製作世界上最輕暖的毯子，取代羽毛被和睡袋之類的產品。由於氣凝膠重量極輕，因此很適合製作極端環境使用的戶外服飾和鞋子，甚至能取代運動鞋內的泡綿鞋底，增加鞋底的彈性。此外，最近還有人開發出可導電的碳氣凝膠，以及吸收力超強、可以吸收有毒廢料和氣體的氣凝膠。

因此，氣凝膠或許一時還無法成為我們日常生活的一部分，除非環境變得更加極端與多變。身為材料科學家，雖然我很高興人類已經找到可以適應新環境的材料，以防全球暖化萬一無法逆轉，但我可不希望我的孩子遭遇這樣的未來。如今有太多材料都能量產，連從前備受崇敬的金和銀也不例外。但我仍舊期望人們能單純因為某個材料的美和意義而欣賞它。

大多數人一輩子都沒機會見到氣凝膠，但摸過它的人永遠也忘不了。那是非常獨特的體驗。你把它放在手裡不會感覺到任何重量，它的邊緣非常不明顯，幾乎分不清哪裡是它的邊角、哪裡是空氣。加上那幻影般的藍色，讓人真有抓著一塊天空的錯覺。氣凝膠似乎有種魔力，讓人說什麼也想讓它待在你的生活裡。它就像派對上的神祕賓客，即使你不知道該跟它說些什麼，也想待在它身邊。這種材料值得不一樣的對待，不應該遭遺忘或待在粒子加速器裡。它的存在本身就值得受人青睞。

氣凝膠的誕生純粹出於人的好奇、天才與奇想。在這個強調創意並獎勵創造的時代，還用金、銀、銅製作獎牌實在奇怪。若要用一種材料來代表人類能仰望天空並思考自身存在，能把岩石遍布的星球化為富饒神奇之地，能探索浩瀚的太陽系卻又不忘自身的柔弱與渺小，如果有一種材料就好比藍天，那就是氣凝膠。

6
充滿創造力的塑膠

我在牛津大學攻讀材料科學博士時，經常去看下午場的電影。在空蕩無人的漆黑戲院裡看電影，比其他休閒方式更能讓我的大腦放鬆，尤其是陰霾下雨的午後。不過有一回很奇怪，我竟然在戲院大廳跟一個陌生人大吵一架。那天下午放映的是經典西部片「虎豹小霸王」，主角是保羅紐曼和勞勃瑞福。電影開映前我排隊買甜點，忽然聽見後面有一個男的抱怨戲院已經不吸引人了，只好靠賣超貴的甜食賺錢。但他就站在糖果店前面排隊，這麼矛盾的發言讓我慣有的英式拘謹突然決堤了。

塑膠沒有罪

不過，真正讓我火大的是他的下一句話：「現在的糖果為什麼都用塑膠包裝？在我那個年代，糖果都是用紙包的，店裡的糖果都放在罐子裡，要買時才秤重用紙袋包裝。」我手裡緊緊抓著亮橘色包裝的瑞佛斯巧克力糖，面帶微笑瞪著他說：「可是戲院本來就最適合用塑膠，尤其是這部電影。」我的語氣可能有點高高在上，大概吧。因為我是博士班的學生，自覺學識淵博，而且我很想為塑膠說話，因為它實在很常被人誤解。

但我挑錯人了，那位老兄立刻以電影權威的姿態朝我猛力反擊。我在胡說八道什麼？我這個年紀懂什麼電影？他可是活在戲院的黃金時代，看的是電影，呼吸的也是電影。看電影是要看大銀幕上的明星，享受閃爍的燈光、絲絨座椅和放映機的嘎嘎聲。我說的話他一個字也沒聽進去，或許不聽是對的。就算我的說法再有道理，也找不到合適的詞彙來表達。後來，我們兩人氣沖沖走進戲院，坐在空蕩蕩的放映廳的兩端。燈暗時，我如釋重負嘆了一口氣。

我日後經常想起這段難堪的往事，思考怎麼說才更能為塑膠討回公道，最後得出一個結論，唯有靠那位老兄最愛的東西才能讓他聽得進我的話，也就是電影的視覺語言。所以我真的做了。為了那場輸掉的爭論，我寫了一個劇本說明糖果塑膠包裝袋跟電影「虎豹小霸王」的關係。劇本寫得很粗略，有些地方與當年爭論的關係可能不大明顯，因此每一場結束後都再附上一小節簡短的解釋。

第一場 酒吧風雲

場景：舊金山的一間酒吧

時間：1869年

人物：哥哥比爾與弟弟伊森，以及酒客紅臉男

中午剛過不久，酒吧裡擺滿桌椅，其中一半坐了人，正在喝酒玩牌。角落的一架鋼琴沒人彈奏，明亮的加州陽光穿透缺角的百葉窗，窗子被風吹得沙沙作響，空氣中輕煙繚繞。

酒吧裡的客人個個容貌凶狠，幾乎都是失業者。有些之前是礦工，十年前因為加州的淘金熱來到西部，結果財富沒掙到，最後淪落至這個城市。其他人則是南北戰爭的退伍士兵，到這裡當職業殺手。幾個女人陪在他們身旁。

酒吧角落有一張撞球桌和十五顆球，是最近風行的玩意兒。比爾和弟弟伊森正在打撞球。比爾是牛仔，在俄亥俄州殺了人，躲到這裡避風頭。他沉默寡言，笑起來才知道一口牙幾乎沒了，因為有一回被馬踢斷了。他說服了弟弟跟他利用新建好的鐵路，一起到舊金山。

伊森：（俯身架好球桿準備擊球）藍色球，底袋。

比爾：（手拿球桿靠著牆）是嗎？

伊森：（一桿把球送進底袋）呼哈！我好愛這個新遊戲，愛死了。

比爾：是嗎？

伊森：沒錯，（裝成上流人的口音）你不知道嗎？撞球是有閒人的玩意兒。就是咱們這種人，對吧，比爾？有閒人。哈！

伊森一邊繼續用上流人的口音講個不停，一邊又打進兩球。每進一球就對比爾咧嘴微笑，但比爾渾然不覺，因為他被某張牌桌發生的爭執吸引住了。

剛來的紅臉男發現自己遭人設局騙了，氣得猛然起身，但沒有站穩，就把椅子撞倒重重砸在地上。同桌其他客人哄堂大笑，紅臉男酩酊大醉，腦子裡的想法全都寫在臉上。他原想掀了牌桌走人，但摸到懷裡的槍，就掏出槍朝其他人比劃。笑聲停了。幾秒鐘後，整間酒吧都安靜下來，除了伊森。他背對酒吧，正準備再度出擊，打進另一顆難打的球。

伊森：（裝成上流人的口音）藍色球，底袋。

在眾人沉默中他揮桿擊球，但白球撞到八號球時，怪事發生了。只見亮光一閃，伴隨著巨大的撞擊聲。八號球被突如其來的小爆炸震偏了，沒有進袋。

頭昏腦脹的紅臉男剛望向伊森，就被爆炸聲嚇了一跳，下意識朝撞球桌的方向開了一槍，隨即跑出酒吧。

伊森血流如注倒在地上。白球終於停了下來，但因為剛才和八號球的火爆撞擊而熊熊燃燒著。

用塑膠取代象牙

撞球從十五世紀開始在北歐皇室和宮廷裡流行，基本上是室內版的槌球，所以它的綠色檯面是為了模擬草地。工業革命大幅降低了撞球桌的造價，而到了現代，酒吧和酒館發現，放置撞球桌能增加收入，於是都市裡的窮人也開始玩起這個遊戲。

十九世紀，撞球用具和技巧開始精進。首先球桿前端加了皮革塊，並塗上俗稱為巧克的粉末，讓擊球者更能利用旋轉技巧來控制母球。這項技巧最早是英國水手帶進美國的，因此使母球旋轉的塞球打法，英文術語到現在依然稱為English。

1840年，美國人固特異（Charles Goodyear）發明了硫化橡膠，撞球檯面四周開始加上柔軟有彈性的橡膠「顆星」（cushion），與原本的木頭不同的是，它讓球的反彈終於可以預測了。之後撞球桌就和我們現在看到的樣子差不多了。1870年代，撞球在美國從原本只有三、四顆球，變成更新潮的十五顆球的玩法。不過直到當時，撞球還是用象牙製成的，因此非常昂貴。

象牙的性質非常特別：它硬得能承受幾千次高速撞擊而不會凹陷或剝裂，並強韌得不會碎裂，又可以用機器刨成球形，而且跟其他有機材質一樣可以染色。當時沒有其他材料能兼顧這些特性，因此當撞球在全美各地的酒吧開始盛行時，象牙的價格真的可能會跟著水漲船高，如此一來很快就會貴得沒人買得起。所以，許多酒吧開始嘗試其他材料做成的撞球，例如塑膠，但有些撞球受撞擊後的表現很怪。塑膠在當時還是全新的材質，跟其他材料的差別就像劇本和散文一樣大。

第二場 尋找投資者

場景：紐約市中心一處小屋

人物：海厄特與列佛茲將軍

小屋是海厄特（John Wesley Hyatt）的實驗室。他是報社的印刷工，閒暇時喜歡做化學實驗。二十八歲的他已經擁有一項專利，而且不久就要留名青史，成為第一個製造出可用塑膠的人。

列佛茲（Marshall Lefferts）將軍正在小屋造訪海厄特。他是退伍將官兼投資家，曾經資助過年輕時的愛迪生，現在對海厄特的研究很感興趣。他個頭高大，儀表堂堂，必須彎腰才不會撞到天花板。

小屋裡擺滿玻璃製品、木桶和數量驚人的象牙，而且飄著濃烈的溶劑味，就算開窗也散不去。

海厄特：（指著小屋角落一箱排列整齊的撞球）我前兩天用合成材料做撞球時突然想到這個點子，就想找您來瞧瞧。

列佛茲：撞球？你為什麼想做撞球？

海厄特：撞球目前只能用象牙做，價格太高了。但這遊戲最近實在太流行，製造商開始擔心象牙不夠用，所以在《紐約時報》登廣告，開出一萬美元的獎金，徵求能發明替代材質的人。

列佛茲：一萬美元？少來，不過就是遊戲，哪會有人投資這麼多錢？

海厄特原本弄著化學儀器，突然停下手邊的事開始東張西望，隨即在牆上找到他要的東西。那是一張發黃的剪報，是從《紐約時報》剪下的徵獎廣告。海厄特把剪報遞給列佛茲將軍。

海厄特：您自己看吧。

列佛茲：（一邊抽著雪茄，一邊讀報）菲蘭卡倫德公司，全美最大的撞球製造商——我沒聽說過他們……（繼續默默往下讀，嘴裡唸唸有詞，接著大聲讀出一段）本公司慷慨提供一萬美元，贈予發明象牙替代材質的人。嘖嘖嘖，真的假的？

海厄特：欸，是真的沒錯。我已經鑽研不少年，也給了他們許多樣品。幾個月前他們跟我聯絡，說他們送了一些我最近做的樣品到全美各地的酒吧做試驗。

列佛特：所以你成功了？

海厄特：嗯，算是吧……（低著頭不知該如何往下說）只是有一個問題……呃，我示範製作過程給您瞧，您就知道了。老實說，我就是為了這件事才找您來的。因為您得親眼見到才會相信。

海厄特放下手邊的實驗器材，從上鎖的櫥櫃裡拿出一只大杜瓦瓶，從裡面倒出透明的液體到燒杯裡。

海厄特：這是關鍵，而且一直在我眼前，只是我沒發現。

列佛茲：什麼意思？

海厄特：在酒精裡製備硝化纖維素。

列佛茲：硝化纖維素……我聽過這個東西……嗯，沒錯，我聽過。但它不是會爆炸嗎？

列佛茲突然臉色漲紅、神情慌張，沒想到自己這麼天真，來這裡見這位瘋狂的科學家，置自己於險境。他緊張的撥弄手上的雪茄——他在南北戰爭的戰場上已經見過太多爆炸引發的愚蠢意外了。

海厄特：（沒有察覺列佛茲的擔憂）喔，我想您說的是硝化甘油吧。的確，這兩者在化學上有一點類似，但這東西是硝化纖維素，基本上不會爆炸。或許有一點易爆性，它的確是易燃物，不過我一直都非常的小心。

他轉頭對列佛茲微微一笑時，察覺對方非常緊張，所以就再多解釋一些，緩和對方的焦慮。

海厄特：硝化甘油是甘油硝化而成的，它是無色的油狀液體，也是製造肥皂的副產品，只要混合甘油和硝酸就能製成。不過如您所言，硝化甘油極不穩定，是炸藥的主要成分。但我手上這個東西是硝化纖維素，成分為木漿和硝酸，乾燥後就會變成棉火藥。棉火藥非常易燃，這我承認，但不會爆炸（再次轉頭望著列佛茲）。我現在用的是液態棉火藥，稱做火棉膠。這東西很有意思，您瞧。

列佛茲看著海厄特朝燒杯倒了幾滴紅墨水，硝化纖維素立刻變成亮紅色。接著海厄特把一顆用線吊著的木球放進燒杯，浸到液體裡再拿出來。只見木球上覆了一層美麗的亮紅色塑膠，而且塑膠迅速變硬。列佛茲看了果然大吃一驚。

列佛茲：真是太神奇了。我可以摸摸看嗎？
海厄特：（面露喜悅）當然——呃，不行，它還要再等一下才會全乾。不過我有之前做好的。
列佛茲：（拿起海厄特做的撞球互敲）所以你搞定了。那問題又出在哪裡？難道它還是易燃？

列佛茲拿著原本叼在嘴邊的雪茄試探的戳了戳撞球，結果撞球立刻起火燃燒。海厄特熟練的把球從列佛茲手中拿走，扔到窗外。

海厄特：呃，對，這材料相當易燃。這一點當然不夠理想。事實上，有報告指出，兩顆球高速撞擊時會自動著火。但真正的問題是聲音，球互相撞擊時的聲音就是不對。

列佛茲：唉，誰在乎聲音聽起來怎麼樣？

海厄特：您錯了，他們可在乎呢！我也很在乎。但我想跟您談的不是這個。喏，瞧瞧這個（他從抽屜裡拿出一個東西遞給列佛茲）。

列佛茲：（打量了那東西一會兒）這是一把象牙梳子。怎麼了？

海厄特：它不是象牙做的！（笑容燦爛）哈，我騙過您了。這個新材料使用的原料，就是撞球外層的硝化纖維素塗料。但我用了新的製程，如此一來做撞球就不需要木球了。我可以只用硝化纖維素就做出一整顆球，只要摻入含有樟腦的溶劑就搞定了。這個製程叫塑化（他興奮的在抽屜裡東翻西找）。這是梳子、這是牙刷，還有這個是……項鍊（他把所有的東西都塞給列佛茲）。

列佛茲默默打量手上的假象牙製品。

列佛茲：（悄聲說）象牙市場規模多大？

海厄特：很大，非常大。

列佛茲：那你還需要什麼，才能開始量產這個……這叫什麼？

海厄特：它是纖維素（cellulose）做的，所以我想叫它賽璐珞（Celluloid），您覺得呢？

列佛茲：你要叫它什麼都可以，我只想知道你需要什麼，才能開始量產賽璐珞？

海厄特：錢和時間。

化學的車庫革命

上面的場景是真人實事，只有對話是模擬的。如今很難想像，有人可以在自家小屋做出重大的化學發現，但十九世紀末期，化學工程剛踏入黃金年代，人類對化學愈來愈理解，而且新材料的發明往往也同時帶來致富的商機。

此外，化學製品的取得很容易也很廉價，販售更幾乎沒有規範限制。許多發明家都在自己家中進行實驗，固特異甚至是在債主的牢裡做實驗的。海厄特發明的賽璐珞一旦證實好用，這個能提供保護、舒適和彈性的新材料就會有需求。

塑膠一詞涵蓋了許多材料，全都是固態可塑形的有機物，也就是以碳為基礎的化合物。固特異發明的橡膠是塑膠的一種，但全合成塑膠才是改寫塑膠意義的發明。海厄特和弟弟在自家小屋設立實驗室製造塑膠，部分動機源自《紐約時報》那個以一萬美元獎金，徵求製造撞球新材質的廣告。此外海厄特還獲得南北戰爭退役將軍列佛茲領導的投資人挹注經費。當時有酒吧老闆不滿意海厄特製造的撞球，因為外層塗抹的火棉膠會爆炸。其中一位老闆說：「只要球一相撞，店裡所有客人都會掏槍。」現在的撞球由一種叫做酚樹脂的塑膠製成，至於賽璐珞只用於製造一種球，就是桌球。

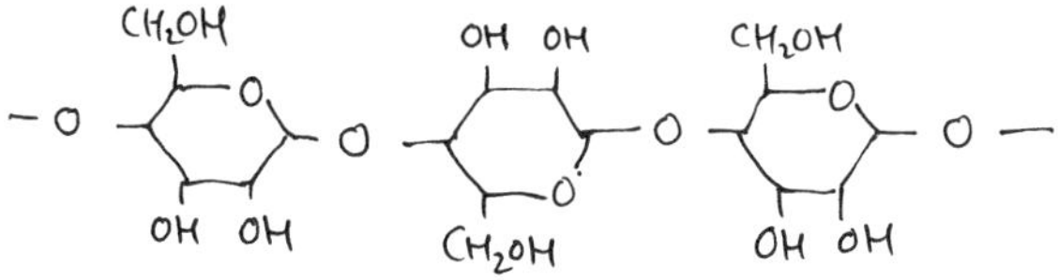

纖維素

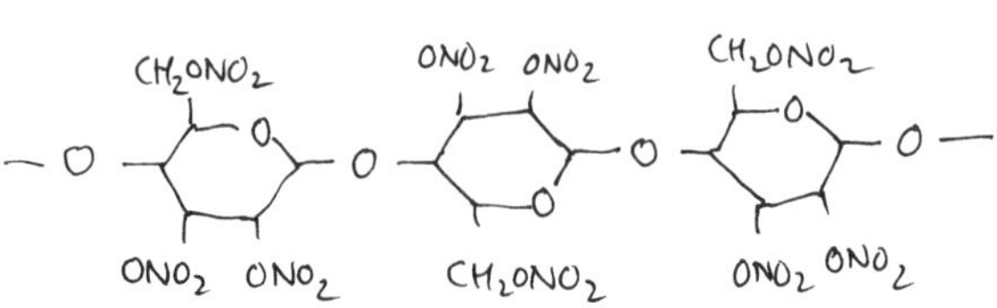

硝化纖維素

硝化纖維素與製紙的纖維素在化學構造上非常相近，兩個化合物都由氫、氧、碳構成的六員環，以氧連接所構成。

第三場 確認兇手

場景：舊金山的一處殯儀館

人物：比爾與遺體防腐師

過世的伊森全身赤裸躺在手術台上，衣服剛被割開，扔在地上。房間裡還有一些遺體擺在長椅上，其中幾具仍在淌血，在地上留下了血漬。空氣中瀰漫濃烈的化學味，還有味道更甜、更刺鼻的屍臭味。遺體防腐師正在清理伊森身上的血跡，比爾在一旁看著。

比爾：我有多少時間？

遺體防腐師：你是說等爸媽過來？

比爾點點頭。

遺體防腐師：正常情況下，三天。

比爾：（咬緊下顎）那不正常情況下呢？

遺體防腐師：嗯，我剛拿到新的福馬林。只要量夠，我們就能把他保存很久，但福馬林很貴。我也可以用砷，砷比較便宜，但用砷的話他的外形會變。

比爾沒有說話，一言不發盯著死去的弟弟。

遺體防腐師：我聽說是新買的撞球惹的禍？那個紐約佬做的撞球？我在報上讀過，聽說他是科學家和發明家，跟發明電燈的愛迪生一樣，但沒有愛迪生那麼成功。

比爾：紐約？那傢伙很有錢嗎？

遺體防腐師：我想應該很有錢吧……

比爾轉身就走。

遺體防腐師：喂，你要去哪裡？你弟弟的遺體怎麼辦？

塑膠有助人體防腐

1869年時，人類雖然已經知道冷藏的基本方法，但電冰箱還要五十年才會問世。因此，熱帶國家的死者只有兩個選擇：立刻埋葬或火化，不然就是以藥物防腐。在1867年以前，防腐通常使用酒精或含砷等有毒物質的特殊溶劑，直到該年德國化學家霍夫曼（August Wilbelm von Hoffmann）發明了福馬林才改觀。福馬林跟之前的防腐劑不同，它能保存人體的器官組織，讓遺體看來栩栩如生，因此很快成為主流。列寧、土耳其國父凱末爾和英國戴安娜王妃的遺體都經過福馬林處理。

前些年，德國解剖學家馮．哈根斯（Gunther von Hagens）發明了一項新的保存技術，稱為生物塑化法，能把屍體內的水分和脂肪（如脂質）移除，再以真空技術置入矽膠和環氧樹脂取代。環氧樹脂具有高揮發性，大量使用在塗料、黏著劑和可塑產品裡。生物塑化法跟福馬林一樣，能讓遺體栩栩如生，但由於使用可定形的塑化材料，因此能把屍體做成各種姿勢。馮．哈根斯策劃的「人體世界展」於1995年開始巡迴全球各地，展出他製作的各種姿勢的人體，總參觀人數已經突破數百萬。

第四場 侵權風波

場景：紐約市法庭

時間：數年後

人物：海厄特、原告律師與列佛茲將軍

海厄特因為賽璐珞的專利權被告上法庭。他的公司靠著這個新材質賺進大把鈔票，製造的產品琳琅滿目，從梳子、毛刷到刀把都有，甚至包括假牙。原告律師的委託人為英國發明家史皮爾（Daniel Spill），他宣稱自己發明了名為賽羅耐特（Xylonite）的類似塑膠材質，而且比海厄特早了一年。法庭旁聽席只有寥寥數人，海厄特的金主列佛茲將軍坐在前排聆聽律師辯論。

原告律師：你說你發明賽璐珞是為了取代……撞球？

海厄特：是的，沒錯。我用火棉膠當木球的塗層，讓球看來像是象牙做的。但我發現如果能讓塗層變成固體材料，就不需要木球了，而且撞擊聲也會比較像象牙撞球。

原告律師：聲音像象牙撞球？你這樣講有點離譜，你不覺得嗎？

海厄特：我到底要解釋幾次才行？你隨便找一個打撞球的人問，他都會告訴你，聲音對了玩起來才有感覺。

原告律師：所以你否認曾經在1869年得知倫敦出現了一種名叫賽羅耐特的材料，製程跟你的做法完全相同，而且也是把——（他低頭檢視筆記）硝化纖維素轉變成塑膠材料，成品跟你的發明近似，使用的溶劑也是——（他又低頭檢視筆記）樟腦溶劑嗎？要把火棉膠變成你叫做賽璐珞的材料，這是關鍵步驟，不是嗎？你難道要我們相信這只是巧合？

海厄特：不是！我是說沒錯，我否認知情。我完全不曉得。（氣得滿臉通紅）這個方法完全是我一個人發現的。

原告律師：是不是你自己發現的不是重點，海厄特先生，你應該很清楚才對。重點是你的關鍵製程之前已經有人申請專利保護了，而且持有該專利的就是我的委託人，倫敦的史皮爾先生。但你完全沒有支付權利金。

海厄特：史皮爾！哈！他根本不是發明家，只是投機份子和商人，而且是很差勁的商人！他的點子都是從帕克斯（Alexander Parkes）那裡來的。帕克斯發明了帕克辛（Parkesine），他才是真正的科學家，史皮爾只會抄襲，現在看到我辛苦發明的成果又想分一杯羹。（轉身面對沒注意聽的法官）法官大人，這是侮辱。

原告律師：所以你希望我們相信你知道帕克斯的成果，卻對史皮爾先生的發明一無所知？

海厄特：史皮爾的什麼發明？他做出來的材料根本不能用！如果我不可以擁有賽璐珞的專利權，那史皮爾更別想。最早做出塑膠的是帕克斯，時間是1862年，所有人都知道。他只是沒能讓它管用，但我做到了。不像史皮爾只會抄襲，我是自己有系統做實驗想出來的。（轉身看著法官，不過法官似乎興趣缺缺，正在把玩懷錶）我規規矩矩做生意，可不想讓寄生蟲占我便宜！

列佛茲全神貫注聆聽，但海厄特承認知道帕克辛的存在，讓他不禁低頭沉思，隨即起身離開法庭。

塑膠專利之爭

雖然在賽璐珞發明之前就有類似塑膠的材料問世，但一般公認賽璐珞是最早的商業塑膠材料。

在1862年的國際博覽會上，英國冶金家、化學家兼發明家帕克斯向世人介紹了一種很有趣的新材質。它的成分為植物質，但非常堅硬而透明，且具有可塑性。帕克斯雖然一直認為火棉膠可以製成塑膠，但始終沒能找到合適的溶劑把硝化纖維素轉成具有可塑性的材料。是海厄特想到使用含樟腦這種味道嗆鼻樹脂的溶劑，問題才迎刃而解，讓賽璐珞成為人人都買得起的塑膠材料。

與此同時，英國人史皮爾仿照帕克斯的製程，申請了幾項專利，並推出一個名叫賽羅耐特的類似材質。雖然賽羅耐特沒能賣錢，史皮爾還是決定控告海厄特，因為他之前已經取得了樟腦溶劑的專利。

和史皮爾的專利權之爭幾乎弄垮了海厄特的事業。不過，法官最後裁定史皮爾和海厄特都沒資格取得硝化纖維素塑膠的專利，讓塑膠產業從此進入高度競爭和創新的時代。

第五場 雖假猶真

場景：瑪莉．露意絲的閨房，美國科羅拉多州波德鎮

人物：比爾與瑪莉．露意絲

瑪莉．露意絲很有生意頭腦，是鎮上唯一一家店的老闆娘。她坐在鏡前梳妝打扮，試戴首飾，一邊跟比爾交談。

瑪莉．露意絲：喔，比爾，你向我求婚只是貪圖我的財產，好繼續四處旅行。你在打什麼主意我清楚得很。

比爾：我有事要到紐約找一個人，處理完立刻回來。

瑪莉．露意絲：（哈哈大笑）果然沒錯！我只會為了愛而結婚，比爾。我想挽著你一起散步，跟你坐馬車到果園溪旁野餐，要你餵我吃葡萄……（想到那個畫面，她呵呵笑了）

比爾：野餐？

瑪莉．露意絲：沒錯，比爾，就是野餐。我想要尊重與自由，這是我對婚姻的期望。我還希望你能去看牙醫。我不會嫁給沒有牙齒的男人，絕不可能。

瑪莉．露意絲試戴不同的項鍊，比爾氣憤起身，把她手裡的項鍊一把搶走扔到角落。

比爾：妳幹嘛這麼愛惜那些垃圾？

瑪莉．露意絲：比爾，住手！我們每回講到正經事，你都這樣。

比爾：那些是塑膠，瑪莉・露意絲，塑膠。那些不是真的珠寶，妳也不是真的淑女。妳是假淑女戴假項鍊！

瑪莉・露意絲：至少我有夢想，比爾。我也有原則！你要是希望我認真考慮你的求婚，應該知道我希望你怎麼樣……

珠寶的替代品

賽璐珞產業在1870年代突飛猛進，各種顏色、形狀和質感的產品五花八門。重點是它能維妙維肖做出高級材料的質感，例如象牙、檀木、珍珠母和玳瑁，而早期的塑膠也多半做此用途。新興的中產階級渴望擁有富人的物質享受，卻又負擔不起。由於塑膠造價便宜，因此販賣塑膠梳子、項鍊和珍珠給這些中產階級，可以賺取豐厚的利潤。

第六場 補牙風波

場景：牙醫師診所

人物：牙醫師與比爾

樸素的木造房間中央擺著一張大椅子和幾張桌子，桌上排列各式金屬器具。牆上一張證書寫著：哈洛德・克雷・波頓於1865年畢業於辛辛納提牙醫學院。房裡只有一扇窗戶，外頭是灌木林。仲夏時分，天氣炎熱又潮濕。

牙醫師：先生，麻煩脫掉襯衫坐在這裡，自在一點。（指著牙醫躺椅）

比爾：（沒脫襯衫直接坐到躺椅上）做這個要多少錢？

牙醫師：不曉得，得看您需要什麼。

比爾：我需要牙齒，就這麼簡單。

牙醫師：我知道，先生，但我得先瞧瞧您的嘴巴，看哪種假牙合適。您要是穿著襯衫，我擔心會弄髒。

比爾：你不會做什麼，只是看看而已，對吧？

牙醫師：對，可是……

比爾：那就來吧。

牙醫師：我需要用這個材料幫您的牙床製作齒模。（讓比爾看熟石膏粉）接著看您需要補多少顆牙，我可以用橡膠或這個很有意思的新材料，新材料放在嘴裡感覺比較舒服。

比爾：隨便，管用就好。

牙醫師：喔，這個叫做賽璐珞的新材料絕對管用。它很容易塑形，而且──

比爾：你說什麼？

牙醫師：賽璐珞。它是非常新、非常摩登的材料，雖然很軟，但又很……硬，如果您明白我的意思，它非常適合做假牙。大家都在用——（他看見比爾一臉氣憤，便沒有繼續往下說）先生……？我說錯話了嗎？

比爾：可惡！難道我就躲不開那玩意兒嗎？

牙醫師：可是，先生，塑膠真的是最適合的材質，而且裝在嘴裡很舒服……（看著比爾起身朝門口走去）先生，我不懂這是怎麼回事。（伸手抓住比爾的胳膊）

比爾狠狠甩開牙醫師的手，掏出槍指著牙醫師。

比爾：我告訴你怎麼回事。就是那東西！（把槍對著牙醫器具和假牙材料）全都是那東西惹的禍！

假牙也有塑膠革命

很有趣，海厄特真的曾嘗試用賽璐珞製作假牙。但賽璐珞並不適合，主要因為賽璐珞假牙遇熱會變形，而且會散發強烈的樟腦味。不過，它的競爭對手橡膠假牙也是半斤八兩，橡膠假牙裝在嘴裡會有硫磺味。要到二十世紀，丙烯酸塑膠問世後，配戴假牙才比較舒服、無味，感覺也比較自然。

第七場 跨入影像世界

場景：紐約市海厄特的辦公室

人物：伊士曼與海厄特

相機製造商商伊士曼到海厄特的辦公室來造訪，辦公室位於賽璐珞工廠二樓的角落，是玻璃隔出來的房間。

海厄特：……所以我認為我們可以做出新的相機機身，比木製機身更不透光，因為它是一體成形的，而且比金屬機身輕很多。

伊士曼：我不是來跟你討論相機的。

海厄特：不是喔？

伊士曼：不是。（沒再說話。背對海厄特，望著樓下工廠的運轉）賽璐珞能做到多薄？

海厄特：薄？呃，我一開始是拿它當塗層用的，你是這個意思嗎？

伊士曼：（轉身面對海厄特，顯然下定了決心）你對照相底片認識多少？

海厄特：我知道的不多……我記得底片是用玻璃做的，對吧？

伊士曼：對，沒錯。塗了感光膠的玻璃。

海厄特：所以……你想用賽璐珞取代感光膠？

伊士曼：（面露淘氣）我想用賽璐珞取代玻璃。

海厄特：（很努力想搞懂）嗯……好讓底片比較不容易破嗎？

伊士曼：你知道攝影師除了所需的器具之外，還能攜帶多少照相底片嗎？

海厄特搖搖頭。

伊士曼：十個，最多十五個。照相底片實在太笨重了，得帶一頭馱獸才背得動，或至少雇一、兩位挑夫。攝影非常貴，是有錢人的遊戲。

海厄特：你認為塑膠底片能把門檻壓低？

伊士曼：我希望攝影變成大家都能做的事，不止簡單且便宜到你可以拿著相機參加生日派對或去野餐、去渡假，甚至——

海厄特：去海邊！

伊士曼：沒錯！為了做到這一點，相機必須做得更小、更輕，更重要的是得去掉笨重的照相底片。（認真看著海厄特）我已經把相機設計出來了，關鍵是把照相乳劑塗在能彎曲的細長帶子上，這樣就能把二、三十張影像捲起來收進小罐子裡。我叫它柯達相機，所有人都應該買得起。我要把攝影帶給全世界！

海厄特：你說的能彎曲的細長帶子，它所需要的技術你已經發明出來了嗎？

伊士曼：呃，還沒有。我們試過用紙，但不管用。

海厄特：所以你想用賽璐珞試試看？

伊士曼：你覺得可行嗎？

視覺文化史的轉捩點

玻璃非常適合製造照相底片，因為它透明又不容易起化學反應。但玻璃笨重又昂貴，讓攝影成為攝影師和有錢人專屬的活動。

伊士曼設計了賽璐珞軟片以取代玻璃製的硬片，是他發明的柯達輕便相機能掀起攝影革命的關鍵。他把玻璃製的照相底片換成賽璐珞製的彈性膠卷，可以捲曲收納，讓相機變得小巧輕盈，而且便宜。他讓所有人都能接觸攝影，並且藉著讓相機變得便宜、好帶又能隨興使用，創造了以相片分享家人回憶的生活方式。

現在我們很少人會買膠卷底片了，因為傳統攝影已經由數位科技取代。但賽璐珞軟片的發明依然是視覺文化史上的轉捩點。

第八場 暗夜驚魂

場景：海厄特的紐約辦公室

時間：十年後

人物：海厄特、比爾、夜班警衛

時過午夜，工廠裡一片漆黑，只有海厄特二樓辦公室的燈還亮著。海厄特正在把弄一台形狀怪異的機器，突然聽見聲響，便抬起頭來。

海厄特：是誰？（說完他低頭繼續把弄機器，但又聽見聲音）哈囉……？有人在那裡嗎……？貝蒂，是妳嗎……？

辦公室的門把緩緩轉動，隨即門開了。起初不見人影，但比爾馬上冒出來，他整個人喝得醉醺醺的。

比爾：哈，瞧瞧是誰在這兒呀。

海厄特：你是誰？夜班警衛嗎？快出去，不准再來打擾我。

比爾：不是，我不是夜班警衛，但我一直在留意。留意你。

海厄特：什麼意思？（起身）出去，聽到沒有？

比爾：門都沒有，你沒資格命令我。事實上，我才要命令你呢。（掏出槍指著海厄特）坐下。

海厄特：你要錢的話，我這裡什麼都沒有。錢都在銀行裡，每天從這裡送過去。

比爾：我說坐下。

海厄特：你是誰？

比爾：你殺了我弟弟，所以我想我也該以牙還牙把你殺了。聽起來滿公平的，對吧？所以我算是你的……死刑執行人。

海厄特：你在說什麼？我這輩子從沒殺過人，你一定搞錯了。

比爾：我沒搞錯。你做的撞球殺了我弟弟。我花了不少工夫才查到你，他已經遭炸死十年了……但我還是找到你了。

海厄特：的確，我是聽說有人在酒吧裡打撞球被我做的撞球炸死。但那是意外，不是我的錯。我又不在場！

比爾：是你的錯！全都是你的錯！閉嘴！我要了結這一切。（指著樓下工廠）那東西不自然——所以我弟弟才會喪命。你操弄自然，把那愚蠢的塑膠散播得到處都是，讓人以為它和象牙一樣值錢，好從喜歡小首飾的女人那裡騙錢，並愚弄了社會大眾，但我才不會上當。你別想用那愚蠢的塑膠假牙唬弄我。一定要有人出面阻止這一切。那人就是我。

海厄特：拜託，求你別殺我。請聽我說，拜託。你討厭的這東西，我說塑膠，它就要對你和所有人做出無法比擬的貢獻了。它會讓你們的生活永垂不朽！甚至把你變成神祇——這是我親眼見到的！

比爾：你到底在說什麼？又是胡說八道！

海厄特：已經解決它的感光問題了！你還沒看過電影嗎？就是在大銀幕上播放的故事呀！內容就是像你這種英雄和牛仔決鬥，搶奪西部！城裡的人都排隊搶著看。這些全是這個透明柔軟材料的功勞，其他材料都做不到。人類說故事的方式再也不一樣了。瞧，我這裡有一台放映機，我正要放電影帶子進去。我現在就示範給你看。

比爾：不要，你在胡說八道，完全是⋯⋯

比爾身後亮光一閃，跟著是人的腳步聲。夜班警衛拎著提燈出現了。

夜班警衛：一切正常嗎，海厄特先生？我聽見有人在吼。

比爾轉身就逃，把夜班警衛撞倒在地。提燈應聲碎裂，裸露的火焰點燃了一桶廢棄的賽璐珞膠卷，引發熊熊大火。

海厄特和警衛拚命滅火，但工作檯和旁邊的箱子裡擺了太多易燃的賽璐珞，火勢很快失去控制。兩人匆匆逃離火場，只能眼睜睜看著工廠付之一炬。

電影推手

賽璐珞促成了膠卷的發明，膠卷則催生了電影科技。人類數百年前就已經知道，連續呈現小幅變化的影像可以創造影像「在動」的效果，但在透明柔軟的材料發明前，我們只有滾筒狀的跑馬燈能用。賽璐珞改變了一切，它可以把連續的影像留存在同一卷膠片上，然後快速播放，創造出動態的效果。這不僅能讓電影播放更長的故事，而且可以把影像向外投射，讓一群人同時觀賞。這就是魯米耶兄弟的靈感，也是戲院的起源。

次頁這張「黑幫」合照攝於1900年，地點是美國德州佛特沃斯市。黑幫是一群以卡西迪（Butch Cassidy）為首、惡名昭彰的火車大盜，他們的行徑充分展現了我們現在對美國西部拓荒時代的印象：一個為非作歹充滿暴力的時代，卻又伴隨著各種現代科技的發明，像是火車、汽車和飛機，當然還有塑膠。要不是1969年那部由保羅紐曼飾演卡西迪、勞勃瑞福飾演日舞小子的電影太賣座，這幫匪徒的行徑早已被人遺忘。這部電影是用賽璐珞軟片拍的，和許多西部片一樣永遠記下了（也浪漫化了）賽璐珞問世前的那個風雲時代。

塑膠家族在賽璐珞之後又出現了電木、尼龍、黑膠和矽膠。這都有賴於賽璐珞帶來的創造力，而塑膠也對我們的文化產生了深遠的衝擊。電木成為可以塑形的木頭替代品。當時電話、電視和收音機剛剛發明，正需要新材質來展現這些發明的摩登感。尼龍的圓滑柔順攻占了時裝業，取代真絲成為女性襪子的材質，而且衍生出一系列的全新織料，像是萊卡和聚氯乙烯，以及一群稱為「彈性體」的材質，讓我們的衣服和褲子不會鬆垮或鬆脫。黑膠改變了音樂，也改變了我們錄製和聆聽音樂的方式，更創造了搖滾明星。至於矽膠嘛……矽膠開創了整形外科，讓人得以把想像變為現實。

沒有塑膠，「虎豹小霸王」不會存在，所有電影都不會出現。下午場電影當然也一樣，戲院也不例外。我們的影像文化將和現在非常不同。所以，雖然我也討厭過度包裝，但我希望各位讀到這裡已經明白，就算糖果包裝紙在別的地方都不是那麼無害，也都不被欣賞，但它在戲院裡應該受到好好的對待。

全劇終

7
透明的玻璃

2001年，我在西班牙安達魯西亞的鄉間小路上曾經見過一個令人心醉神馳的影像。我開車經過當地四處可見的橄欖園，樹木從我兩旁飛逝，我不停瞥見成排低矮的橄欖樹排成完美的一直線，有如陳年默片從我眼前閃過，感覺就像那些古老的橄欖樹對我施了魔法，讓我忘記旅途的無聊與悶熱。無數次驚鴻一瞥中，那樹木成排延伸到天際的景象讓人沉迷。我看看前方的道路，看看兩旁的魔幻景象，看看路，又看看兩旁，結果撞上了一輛曳引機。

我到現在還是不曉得它是怎麼出現在我的前方的。我猛踩煞車，整個人從座椅上衝向擋風玻璃。我還記得撞到玻璃瞬間的觸感。玻璃應聲碎裂，我突然停格，宛如撞到一堵透明的薑餅牆。

沙是岩石經過風吹雨打、海浪衝擊或其他侵蝕作用，剝落形成的碎屑混合而成的微粒。抓一把沙起來仔細檢視，你會發現許多沙礫都由石英組成。石英是二氧化矽結晶，種類繁多，因為氧和矽是地殼上含量最多的兩個元素，化合後會形成二氧化矽（SiO_2）。簡單來說，石英結晶就是二氧化矽的規則排列，如同冰晶是水分子的規則排列、鐵是鐵原子的規則排列一樣。

石英受熱會讓二氧化矽分子得到能量開始震盪，但在某個溫度之前都無法掙脫分子間的鍵結，這就是固體之所以為固體的原因。當分子持續受熱震盪到一個臨界值，亦即熔點，就會有足夠的能量掙脫鍵結，開始不規則跳動，成為液態的二氧化矽。冰晶熔化為液態水時，水分子也是如此變化。不過，水分子和二氧化矽分子有一個很大的不同。

那就是液態水一旦降溫，水分子會立刻結晶為冰。事實上，這個結晶反應幾乎無法阻止：從冰箱冷凍庫結霜到山上的白雪，都是水再結晶為冰的例子，而雪花的精緻結構就來自水分子的對稱排列。我們可以不斷重複熔化和結凍的過程，冰晶也會反覆形成。但二氧化矽就不同了。液態二氧化矽冷卻時很難再形成結晶，感覺就像二氧化矽分子忘了怎麼變為結晶似的：哪個分子該在哪裡，誰該排在誰的旁邊，對這些分子來說似乎都變成了難題。加上二氧化矽液體冷卻時，分子能量愈來愈少，愈來愈難移動，使得情況更是雪上加霜，分子更難回到組成結晶的正確位置，結果就是生成具有液態結構的二氧化矽固體，也就是玻璃。

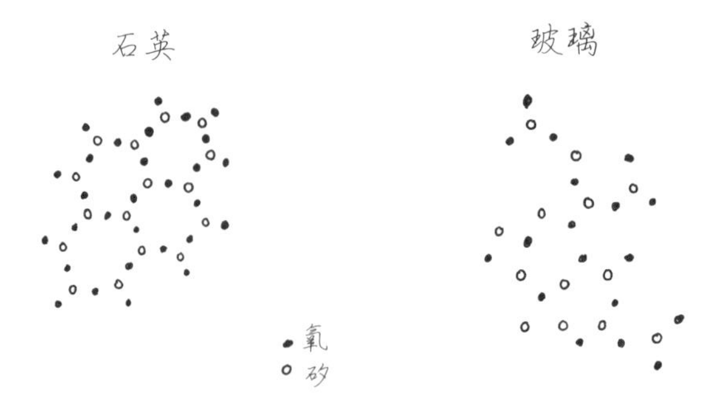

矽石（石英）的規則結晶構造和玻璃的不規則構造比較圖。

由於只要二氧化矽無法結晶，就能形成玻璃，你可能因此覺得玻璃做起來很容易，但其實不然。燃燒沙漠裡的沙子，要是風勢夠大，可能會有沙子熔化，成為半透明的黏稠液體。這液體冷卻後確實會硬化成為玻璃，但幾乎都會含有大量未熔化的沙粒，外觀有如棕色的鱗片，而且很快就會瓦解，再次變為沙粒。

這個做法有兩個問題。首先是大多數沙子裡的礦物組成都不對，無法做出好的玻璃。棕色在化學上是不好的預兆，表示含有雜質。顏料也一樣，隨意混色不會得到純色，只會產生棕棕灰灰的色調。有些添加物（如碳酸鈉，也就是所謂的助熔劑）能促進玻璃生成，但大多數添加物都沒有這個能力。沙子雖然富含石英，卻也含有風吹雨打帶來的各種物質，實在可惜。不過，就算沙子的礦物成分和比例正確，也會遇到第二個問題，就是熔點高達1,200℃左右，比一般火焰的700℃至800℃還高。

高溫閃電造玻璃

閃電可以解決這個問題。閃電擊中沙漠會產生超過10,000℃的高溫，不僅熔化沙子綽綽有餘，還能讓沙子變成稱為矽管石或閃電熔岩的玻璃柱。這些玻璃柱色如焦炭，狀似閃電，令人想起雷神索爾發怒射出的雷霆，因此矽管石的拉丁字源（fulgur）意思就是閃電。閃電熔岩因為是中空的，所以重量極輕，它的外層堅硬，內層是光滑的中空管狀構造。最先遭閃電擊中的沙子受高熱蒸發，因此形成中空，中空孔洞向外傳熱，先把沙子熔化，形成光滑的玻璃層，而再往外傳的溫度只能讓沙子融合在一起，於是形成粗糙的邊緣。閃電熔岩的顏色取決於沙子的組成元素，從灰黑色到半透明的都有。石英沙漠的閃電熔岩就是半透明的。閃電熔岩最長可達15公尺，非常易碎，因為主體幾乎都是輕度融合的沙子。過去民眾只把閃電熔岩當成新奇古怪的東西，直到最近才改觀。閃電熔岩生成瞬間會鎖住空氣，形成氣泡，使得遠古的閃電熔岩成為很有用的史料，讓研究全球暖化的科學家可以透過這些氣泡，掌握沙漠過去的氣候變化。

利比亞沙漠發現的閃電熔岩。

利比亞沙漠有一區的沙子特別白，幾乎完全由石英組成。這裡找到的矽管石非常接近晶瑩剔透的現代玻璃，一點也不像髒兮兮的閃電熔岩。古埃及圖坦卡蒙王木乃伊上的聖甲蟲首飾就有一塊這樣的沙漠玻璃。我們知道這塊玻璃不是古埃及人製作的，因為最近研究發現它有2千6百萬年的歷史。目前已知只有一種物質跟它類似，就是1945年美國新墨西哥州白沙彈靶場核試爆時產生的玻璃石。由於利比亞沙漠在2千6百萬年前沒有核爆，而生成如此純淨的玻璃需要極高的溫度，因此目前認為應該是隕石撞擊產生的巨大能量所致。

古埃及圖坦卡蒙王木乃伊上的聖甲蟲首飾，中央的寶石就是沙漠玻璃。

所以，不靠隕石撞擊或核彈爆炸，我們要如何做出現代的窗戶、眼鏡和酒杯用的那種玻璃呢？

羅馬人的科學智慧

雖然古埃人及和古希臘人都對玻璃製造有所貢獻，不過真正讓玻璃走入日常生活的還是古羅馬人，是他們發現了「助熔劑」的妙用。他們使用的助熔劑是泡鹼，一種天然生成的碳酸鈉。泡鹼讓古羅馬人製作透明玻璃的溫度低上許多，不再需要加熱到足以熔化純石英的溫度。他們選擇的製造地點有成分正確的原料以及溫度夠高的窯燒，在那裡大量製造玻璃，再用四通八達的貿易網路把產品運往古羅馬帝國各地，供工匠製作成各種用品。這些做法並不空前，過去就有人做過，但根據古羅馬史家老普林尼的說法，羅馬人讓玻璃變得廉價，使它首次成為尋常百姓也能使用的物品。

古羅馬人非常喜歡玻璃，從各種充滿創意的使用方式可以看出他們熱愛的程度，例如玻璃窗就是他們發明的。古羅馬之前，窗戶都是直接開著（英文的窗戶 window 原意是「風眼」），雖然有些窗戶會加裝百葉或窗簾遮風擋雨，但以透明材料做為保護還是前所未有的創舉。但顯然當時的窗玻璃都很小，而且必須用鉛焊接，因為古羅馬人還沒有能力製作大面玻璃。不過他們卻開啟了人類把玻璃用於建築的熱潮，至今依然熱度不減。

透明玻璃問世之前，鏡子都是由金屬表面高度拋光製成的。古羅馬人發現，在金屬上加一層透明玻璃，不僅能保護金屬表面不受刮損和腐蝕，還能減少金屬的用量到只需一毫米厚即可。這使得鏡子造價大幅降低，並增加效用和壽命，直到今日這依然是大多數鏡子的基本製作方法。

古羅馬人的玻璃工藝可不只於此。西元一世紀以前，玻璃製品都是熔化玻璃砂再灌模做成的。粗糙的玻璃品使用這種方法綽綽有餘，但想製作更精緻的物品就要很費工了。例如製作薄酒杯時，模腔必須夠細，但濃稠的玻璃熔漿很難灌入細的模腔。古羅馬人發現固態玻璃只要加熱到一定程度，就會像塑膠一樣容易塑形，用鐵鉗夾著就能在玻璃冷卻前拉出各種形狀，甚至能在玻璃紅熱時吹氣進去，冷卻後形成完美的玻璃泡泡。憑著玻璃吹製技術，古羅馬人終於能做出精緻和複雜程度前所未有的薄壁酒杯。

玻璃發明之前，酒杯都是金屬、獸角或陶瓷做成的不透明容器，欣賞美酒完全得靠味覺。玻璃酒杯發明後，酒的色澤、透明度和亮度也變得重要。看得到自己在喝什麼，對我們來說稀鬆平常，對古羅馬人卻是全新的體驗，他們愛極了這種視覺享受。

古羅馬酒杯已經是當時人類技術和文明之冠，不過比起現代酒杯還是相形見絀多了。當時的問題是，玻璃內含大量氣泡，不僅破壞美感，還會嚴重削弱玻璃強度。無論杯子互碰或不慎摔到地上，物質受力時都會把力分攤給各個原子以吸收外壓，減少單一原子的受力，無法負荷的原子會脫離原本的位置，形成裂痕。氣泡或裂痕所在的原子，周邊原子較少，無法靠周邊原子拉住它們或分散受力，因此更容易脫離原本的位置。玻璃摔碎是因為外力太大，玻璃內部發生連鎖反應，某原子脫離原位會連帶拉走周邊的原子。外力愈大，發生連鎖反應所需的氣泡或裂痕就愈小。換句話說，玻璃裡的氣泡愈大，酒杯就愈禁不起撞擊。

中國人獨缺的發明

或許因為玻璃實在太脆弱了，所以製造玻璃的技術在古羅馬人取得大幅躍進之後，便停滯不前。中國人也懂得製作玻璃，甚至曾買賣古羅馬人的玻璃，卻沒有繼續發展製玻技術。這一點頗令人意外，因為在羅馬帝國瓦解後，中國人的材料技術發展領先了西方世界足足一千年。他們在紙、木材、陶瓷和金屬的發展上都是專家，卻獨獨忽略了玻璃。

相較之下，西方由於酒杯曾經風騷一時，使得西方人對玻璃始終帶有一分尊敬與欣賞，導致文化深受影響。透明防水的窗玻璃能讓光線進入又能遮風避雨，在歐洲實在有用，很難被忽略，天氣較冷的北歐尤其如此。不過，歐洲人起初只能做出小面的堅固透明玻璃，幸好可以用鉛接合成大面玻璃，甚至可以上釉著色。彩繪和花窗玻璃成為財富和文化的象徵，更徹底改寫了歐洲教堂建築。為教堂製作花窗玻璃的工匠，逐漸獲得和石匠同等的地位，備受敬重，新的上釉技術也在歐洲蓬勃發展。

十九世紀之前，東方人一直輕忽玻璃。日本和中國的房子主要使用紙窗，雖然效果良好，卻造就了不同於西方人的建築風格。

由於缺乏玻璃技術，東方就算工藝發達，也未能發明望遠鏡和顯微鏡，這些物品都要等到西方傳教士引入時，才得以接觸。當時中國工藝技術遙遙領先，實在無法判斷，是否因為少了這兩項關鍵的光學儀器，才未能如十七世紀的西方般更進一步發生科學革命。

但清楚的是，沒有望遠鏡就不可能看見木星的衛星，也不可能看見冥王星並做出關鍵的天文測量，奠定我們現在對宇宙的理解。同理，沒有顯微鏡就不可能看見細菌之類的微生物，也不可能有系統的研究微觀世界，發展出醫療和各種工程技術。

玻璃透光的奧祕

所以玻璃為何如此神奇，竟然會是透明的？光為何能穿透這種固體，其他物質為何無法讓光穿過？玻璃的組成原子明明和沙子一模一樣，為什麼沙子不透明，玻璃卻能透光和屈折光線？

玻璃（和其他一些材料）是由矽原子和氧原子組成的。

原子中央為原子核，包含質子和中子，周圍是數量不一的電子。比起原子的尺寸，原子核和電子都微不足道。假設原子是一座體育場，原子核就是場中央的一顆豆子，電子就是周圍看台上的沙粒。因此，原子內部（應該說所有物質內部）幾乎都是空的。換句話說，原子應該有許多空隙能讓光穿透，不會撞到電子或原子核，而事實也是如此。因此，真正的問題其實不是「玻璃為什麼是透明的？」而是「為何不是所有物質都是透明的？」

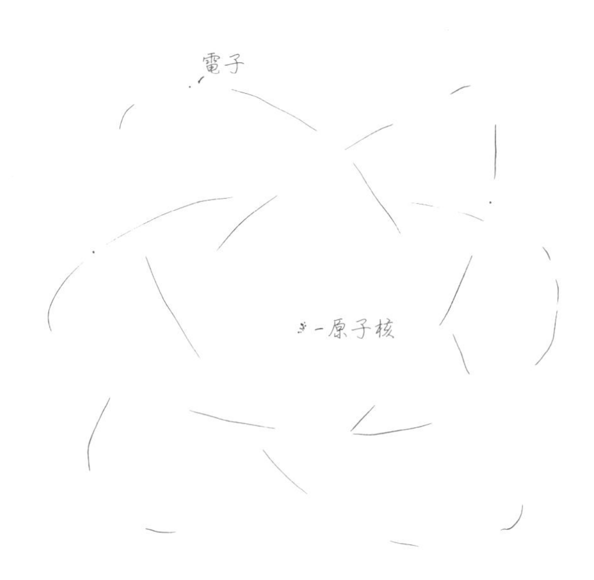

原子的內部幾乎都是空的。

讓我們繼續使用體育場的比喻。在原子體育場內，電子只能占據看台上的某些位子，就好像大多數座位都移走了，只剩下幾排留著，而每個電子只能待在指定好的某一排。電子若想升等到更好的位子，就得多付錢，而所謂的錢就是能量。光穿透原子時會帶來大量能量，只要量夠，電子就會用它升等到更好的位子，也就是會把光給吸收，使光無法穿透物質。

不過，事情還另有蹊蹺。光的能量必須恰到好處，讓電子可以從現在的位子跳到其他空位上。能量太小，拿不到前一排的位子（也就是到前一排所需的能量太高），電子就無法升等，光也就不會被吸收。電子必須取得恰到好處的能量，才能在不同排的位子（稱為能態）之間移動，這是原子世界的基本法則，稱為量子力學。排與排之間的落差是特定的能量值，這稱為量子化。

玻璃裡的量子排列方式與眾不同，使得移動到空位的能量高於可見光，因此可見光無法讓電子升等座位，於是能直接穿過原子。這就是玻璃透明的原因。然而，紫外線之類的高能光就能讓電子升等，因此無法穿透玻璃。這就是為什麼玻璃能防曬，因為紫外線根本無法穿透玻璃碰到我們。木頭和石塊之類的不透明材質，擁有大量的便宜座位，因此可見光和紫外線都很容易被吸收。

就算光沒被玻璃吸收，穿過原子時還是會受到影響而減慢速度，直到穿出玻璃的另一面後才會回復原速。若光以斜角進入玻璃，由於光的各組成元素（單色光）進出玻璃的時間不同，使得各色光在玻璃內的前進速度產生差異。這個速度差會讓光折屈，也就是折射。光學鏡片就是依據折射原理製作的。鏡面弧曲會讓不同角度的入射光以不同角度折射，只要控制鏡面曲度就能放大影像，讓人類得以製作顯微鏡和望遠鏡，也讓戴眼鏡的人能看清楚東西。

玻璃推動科學進展

控制鏡面曲度的更深遠影響，是讓光變成了可實驗的對象。玻璃工匠在幾百年前就已經發現，陽光以某個角度穿透玻璃時，會在牆上形成迷你彩虹，卻一直無法解釋其原因，只能看圖說故事，推斷顏色是在玻璃內形成的。要到1666年科學家牛頓發現看圖說故事是錯的，並提出正確的解釋，世人才終於明白背後的道理。

牛頓的天才之處在於發現稜鏡不只能讓「白光」變成七彩色光，還能反轉整個過程，把七色光回復為白光。於是他推論，玻璃產生的七種色光其實一開始就在光裡。這些色光混成一道光線，從太陽直射而來，進入玻璃後才又各自分散。光穿透水滴會造成迷你彩虹，也是同樣的道理，因為水也是透明的。牛頓就這樣一舉破解了彩虹的祕密，成為提出彩虹原理的第一人。

利用實驗替彩虹找出合理的解釋，不僅展現了科學思考的威力，也凸顯了玻璃對科學實驗及破解宇宙奧祕的貢獻。並且玻璃的功勞可不僅限於光學，化學更是因它而改頭換面，得到的幫助比任何學科都大。只要走一趟化學實驗室就能明白，玻璃的透明與惰性，讓它非常適合用來混合化學物質和觀察反應。在玻璃試管發明之前，化學反應都在不透明的燒杯裡進行，因此很難看到過程變化。有了玻璃這種材質，尤其是派熱司（PYREX）玻璃問世之後，化學總算進階成為一門有系統的科學。

派熱司玻璃是加了氧化硼的玻璃。氧化硼分子和二氧化矽分子一樣，很難形成結晶，更重要的是玻璃加了它會抑制熱脹冷縮。玻璃溫度不均時，不同部位的脹縮速率不同，會彼此擠壓，在玻璃內部形成應力，產生裂痕最後導致破裂。要是玻璃瓶裡裝的是沸騰的硫酸，瓶子碎裂還可能讓人殘廢甚至死亡。硼矽玻璃（派熱司是商標名稱）的出現讓玻璃的熱脹冷縮從此絕跡，也連帶去除了應力，讓化學家可以隨意加熱或冷卻化學物質，專心研究化學現象，不必擔心可能的熱衝擊。

玻璃還讓化學家只用噴燈就能彎曲試管，製作複雜的化學器具（例如蒸餾瓶和氣密容器）也容易許多，讓他們可以隨心所欲蒐集氣體、控制液體和操弄化學反應。玻璃器材是化學家最聽話的僕人，好用到專業的化學實驗室都至少有一台吹玻璃機。有多少諾貝爾獎是玻璃從旁邊推了一把？又有多少現代發明萌生於小小的試管裡？

玻璃技術是否推動了十七世紀的科學革命，兩者是不是簡單的因果關係，目前還未有定論。玻璃看來更像是必要條件，而非充分條件。但有一點毋庸置疑，就是東方忽視了玻璃整整一千年，而玻璃卻在這段時間徹底改變了歐洲人一項最寶貴的傳統。

玻璃揭開啤酒的面紗

雖然有錢人幾百年前就開始用玻璃杯喝紅酒，但啤酒直到十九世紀之前，都還是用不透明的容器，如瓷杯、錫杯和木杯等來飲用。由於大多數人都看不見自己喝的酒是什麼顏色，因此只在乎啤酒的味道，對啤酒的色澤也就不太在意。當時啤酒大多是深棕色且很混濁，但到了1840年，現屬捷克的波希米亞地區發明了大量製造玻璃的方法，使玻璃造價降低許多，於是啤酒都能用玻璃杯盛裝。

酒客終於見到自己喝的啤酒是什麼模樣，結果卻常常大失所望：所謂的頂層發酵啤酒不僅味道各異，顏色和透明度也不一樣。但不出十年，捷克的皮爾森地區就開發出了色澤較淡的底層發酵啤酒，外觀金黃澄澈，而且和香檳一樣也有氣泡。這就是窖藏啤酒。窖藏啤酒不只好喝，而且好看，它的金黃色澤也一直延續到現在。諷刺的是，這麼適合用玻璃杯品嘗的啤酒，現代人幾乎都用鋁罐喝，而一般人常用玻璃杯喝的啤酒，反倒是最不透明的啤酒。它是玻璃杯出現之前就有的古董：健力士黑啤酒。

用玻璃杯喝啤酒還有一個意料之外的副作用。據英國政府統計，每年遭到酒杯或酒瓶攻擊的人數超過五千，消耗健保費用超過二十億英鎊。雖然不少酒館和夜店嘗試過許多種的塑膠杯，這些塑膠杯同樣透明堅固，卻始終不成氣候。

用塑膠杯喝啤酒跟用玻璃杯喝，感覺完全不同。塑膠不僅味道不同，而且熱傳導係數較低，使它在口中感覺比玻璃溫暖，降低了暢飲冰啤酒的快感。此外，塑膠還比玻璃柔軟許多，因此很快就會失去光澤、滿布刮痕、不再透明，不僅會遮住啤酒的亮眼色澤，還會影響我們對杯子乾不乾淨的觀感。玻璃的一大魅力就是它外表晶瑩剔透，就算有髒汙也看起來彷彿很乾淨，讓我們願意接受集體催眠，不去想這酒杯可能一小時前才碰過別人的嘴。

發明耐刮塑膠是材料科學的一大目標。有了它就能製造更輕的窗戶供飛機、火車和汽車使用，也能製造更輕的手機螢幕，但目前還完全見不到任何可能。不過，我們倒是發現了另一個解決方法，不是找東西取代玻璃，而是讓玻璃更安全。

這種玻璃稱為強化玻璃，是汽車工業的發明，目的在減少車禍時因玻璃碎片造成的死傷。不過，它的科學起源來自1640年代一個有名的奇珍異寶，叫「魯珀特之淚」。魯珀特之淚是淚滴狀的玻璃，圓滑的底端能耐高壓，尖銳的頂端只要稍有損傷就會爆裂。它的製作非常簡單，只要把一小滴玻璃熔漿滴入水中就行了。玻璃熔漿入水後會急速降溫，使得表層收縮，所有原子往內壓擠，裂縫因此很難形成。因為只要出現裂隙，擠壓的力道就會把裂隙壓平。如此一來，玻璃表層就變得非常堅硬，用鐵鎚猛敲也不會碎裂，實在很不可思議。

粉身碎骨保安全

然而依照物理定律，為了維持表層的壓應力，玻璃內部必須有大小相等、方向相反的「張應力」，因此淚滴中央的原子便受到極高的張力，彼此向外拉開，感覺就像隨時就要引燃的小型火藥庫。只要表層應力稍不平衡，例如尖端稍微凹陷，整顆淚滴就會發生連鎖反應，讓內部的高張力原子全部瞬間彈回原位，使玻璃炸成碎片。這些碎片利得可以割傷人，但小到不會造成大礙。因此要讓擋風玻璃擁有同樣的性質其實很簡單，只要找到方法迅速冷卻玻璃表層，產生如同魯珀特之淚的壓應力即可。依據這個原理製作出來的強化玻璃已經拯救了無數生命，靠著的正是在它在車禍時碎成數百萬個小碎片的能力。

近幾年來，玻璃變得更加安全。我在西班牙撞到的擋風玻璃是最新一代的安全玻璃，稱為膠合玻璃。我會知道那是最新的安全玻璃，是因為它雖然跟魯珀特之淚一樣碎得很厲害，形狀卻仍保持完整，即使我和它同時飛越引擎蓋摔到柏油路上，它依然是完整的一片。

這種新型強化玻璃中間夾了一層塑膠，有如黏膠般讓玻璃碎了也不會散裂。這層塑膠稱為夾層，也是防彈玻璃的原理，只是防彈玻璃夾了不只一層塑膠。子彈擊中防彈玻璃時，最外層的玻璃會立刻碎裂，吸收掉子彈的部分能量並讓彈頭變鈍。子彈必須推著玻璃碎片穿透底下的塑膠夾層，而夾層則有如流動的糖蜜，把衝擊力分散到更大的面積，而非集中在一個點上。就算子彈順利穿透夾層，它會遭遇另一層玻璃，一切經歷又得再來一次。

玻璃和塑膠夾層愈多，防彈玻璃就愈能吸收能量。一道夾層能阻擋住九釐米手槍子彈，三道夾層能阻擋點四四麥格儂手槍的子彈，八道夾層可以讓你承受AK47步槍的攻擊。當然，如果玻璃能防彈卻不透明，其實沒什麼意義，因此真正的難題不在夾層，而在讓塑膠和玻璃的折射係數吻合，好讓光線穿透兩者時不會彎折太多。

這種安全玻璃需要精密技術，因此造價昂貴不少，但愈來愈多人願意花錢買心安，使得膠合玻璃開始隨處可見，不僅裝在車上，更出現在現代都市的各個角落，讓都市愈來愈像玻璃宮殿。2011年夏天，英國許多市區發生暴動。我看著電視畫面，不由自主察覺到這些暴動和我過去看到的都不同。攻擊者用磚頭不再能次次都砸破玻璃，因為許多店家都改裝了強化安全玻璃。這股潮流應該會繼續蔓延，店家不僅用玻璃來保護物品，也保護自己。之前也有人提議使用膠合玻璃製作啤酒杯，希望遏止酒吧和夜店裡的客人拿酒杯當武器。

透過玻璃看見世界

現在我們已經無法想像，若少了玻璃，現代城市會是什麼模樣。我們一方面希望建築物能幫我們遮風擋雨，畢竟這就是建築物的目的，但另一方面，每回談到新家或工作場所時，許多人第一個問的就是，採光如何？現代都市裡每天竄起的玻璃建築，正是工程師面對這個兩難所提出的解答，既能為我們抵擋風雨和嚴寒，不受小偷和外力侵犯，又不必委屈自己生活在漆黑的環境中。許多人每天大多數時間都在建築物裡度過，是玻璃讓我們的室內生活明亮、愉快。玻璃窗成為樂於迎接顧客的象徵，也代表生意往來開放且實在。沒有櫥窗的店面根本不算店面。

玻璃還對我們如何看待自己貢獻良多。你或許在光滑的金屬表面或池塘邊見過自己的倒影，但對我們大多數人來說，玻璃鏡子才是自我形象最後、最親密的裁判。就連相片和錄影畫面也是透過鏡片才得以記錄下來。

有人常說，地球上已經找不到多少地方是人跡未至的了，但這麼說的人往往只想到肉眼可見的世界。只要拿起放大鏡到家裡任何一個角落，就會發現一個全新的世界正等著你探索。強力顯微鏡會帶你進入另一個世界，裡頭充滿各種稀奇古怪的微生物，而望遠鏡會帶你一窺宇宙和其中蘊含的無限可能。螞蟻在螞蟻的世界構築城市，細菌在細菌的國度造橋鋪路，人的世界、城市與文明一點也不特別，只有一點與眾不同，就是我們擁有的一種材料，可以讓我們超越人的尺度，那就是玻璃。

玻璃讓這一切成為可能，我們卻對它缺乏感情。世人很少像對木頭地板或鑄鐵結構火車站一樣謳歌玻璃，也很少輕撫雙層隔熱窗戶欣賞它的質感。這也許是因為玻璃本質上是毫無特色的材質，它光滑、透明而冰冷，少了幾分人味。人類更喜歡色彩豐富、細緻、精巧或奇形怪狀的玻璃，只是這種玻璃往往中看不中用。最有用的玻璃，是我們用來建構現代城市的玻璃，它總是又平又厚，而且完全透明，卻也最不討喜、最難認識，因為它最隱形。

玻璃對人類的歷史和生活如此重要，卻未能贏得我們的喜愛。打破玻璃的感覺是驚嚇、氣惱與疼痛，就像我在西班牙出車禍時那樣，但我們卻不會覺得自己打破了什麼貴重物品。我們只擔心自己，心想反正玻璃再換就好。也許正因為我們總是看穿它而不是看到它，使得玻璃始終無法成為我們生活中備受珍惜的事物。它受人重視的特質正好讓它得不到我們的鍾愛。玻璃不僅在光的世界潛形匿跡，也在我們的文化中隱而不現。

8

打不斷的石墨

我小時候第一次上美術課時，老師巴靈頓先生告訴我們，眼睛所見的東西都是由原子組成的。所有東西。只要明白這一點，就踏出了藝術家的第一步。教室裡鴉雀無聲。他問我們有沒有問題，但所有人都愣住了，懷疑自己是不是走錯了教室。巴靈頓先生繼續他的美術概論，他在牆上貼了一張紙，拿起鉛筆在紙上畫了一個正圓。同學開始興奮起來，同時鬆了一口氣。我們應該沒有走錯教室。

巴靈頓先生說：「我把原子從鉛筆轉到了紙上。」說完開始大談石墨炭筆多麼適合當成藝術表現的工具。「重點是，」他說：「雖然我們的文化推崇鑽石為最高階的碳，其實它根本無法做出深刻的表現。鑽石跟石墨不同，鑽石從來不曾創造出好的藝術。」我不難想像他對藝術家達米恩・赫斯特價值五千萬英鎊的鑲鑽骷髏頭作品「獻給上帝之愛」會給什麼評價。

不過，巴靈頓先生認為鑽石和石墨這兩種碳是彼此為敵的，這可是一點也沒錯。一邊是漆黑、實用又適合表達的石墨，一邊是崇高、冰冷、堅硬而閃耀的鑽石，雙方從遠古一直纏鬥至今。就文化價值而言，鑽石長期霸占贏家寶座，但局勢可能就要改變。我們對石墨的內部構造有了新的理解，使它成為了令人驚嘆的事物。

就在美術老師讓我接觸到石墨的三十年後，我來到曼徹斯特大學物理系三樓一間以日光燈照明的辦公室，跟全球頂尖的碳專家海姆（Andre Geim）教授見了面。我真希望他和巴靈頓先生一樣，只用石墨當表達工具。可惜他拉開書桌抽屜時，裡面滿滿都是原子筆和麥克筆。海姆講話帶著濃濃的俄國口音，他對我說：「正圓是不存在的，米奧多尼克。」我突然不曉得他有沒有聽懂剛才那段往事的重點。接著他從抽屜拿出一個紅色皮製展示匣說：「你看一下，我去沖咖啡。」

展示匣裡是一枚餅乾大小的純金金牌，上頭刻著某個男人的浮雕像。我把金牌拿在手裡掂了掂，發現它的金屬感很重。純金是金屬世界裡的全脂奶油，我沒想到色澤這麼晦暗，讓我嚇了一跳。金牌上的浮雕像是諾貝爾，還有一行小字敘述海姆的研究團隊贏得了2010年的諾貝爾物理獎，表彰他在石墨烯研究上做出的重大突破。石墨烯是一種二維石墨，也是材料世界的驚奇之作。我一邊等海姆拿咖啡回來，一邊沉思他剛才的奇怪答覆。難道他是在暗示過去十年的碳研究讓他兜了一大圈，結果卻沒回到原點？

碳是輕量原子，質子數為6，碳原子核內通常有六個中子，有時為八個，但這種名為碳十四的碳原子，原子核極不穩定，會因放射性衰變而裂解。由於衰變率長時間恆定，加上許多物質都含有碳十四，因此測量物質內的碳十四含量就能推算該物質的年齡。這種科學方法稱為碳定年法，比其他方法更能幫助我們掌握遠古事件。巨石陣、都靈裹屍布和死海古卷都是靠碳十四確定年代的。

撇開放射性不談，對碳而言，原子核的重要性不大。就碳的其他性質和表現來看，環繞和屏障碳原子核的六個電子才是關鍵。其中兩個電子位於接近原子核的內層，對碳原子的化學性質毫無影響，也就是跟碳和其他元素的反應無關。剩下的四個電子位於最外層，性質活躍。就是這四個電子，讓鉛筆的石墨筆心和訂婚戒指的鑽石大不相同。

鑽石是最昂貴的碳結構

碳原子有很多選擇，最簡單的就是把四個電子跟另一個碳原子分享，形成四個化學鍵。這可以化解四個電子的活性，每個電子都有來自另一個碳原子的電子與之配對，形成非常穩固的晶體結構，也就是鑽石。

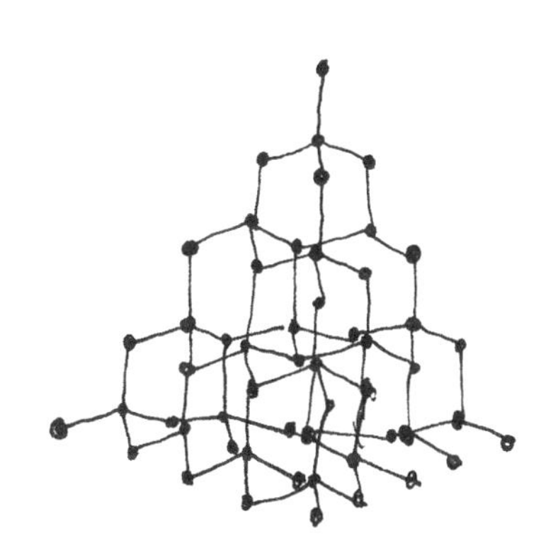

鑽石的晶體結構。

目前人類發現的最大鑽石位於銀河系巨蛇座的巨蛇頭，它是脈衝星 PSR J1719-1438的衛星，體積為地球的五倍。相較之下，地球的鑽石小得可憐，最大也只跟足球差不多，這顆鑽石來自南非卡利南礦場，於1907年獻給英王愛德華七世祝壽，目前屬於英國王室的加冕珠寶。這枚鑽石在地表下極深處形成，大約是地底三百公里左右，經過數十億年的高溫高壓才從純碳巨岩變成鑽石，之後應該是由火山噴發帶到地表，默默蟄伏了數百萬年才由人類在礦坑裡發現。

我小時候經常被拎去博物館，參觀國立某某館或某某院，而我不管去哪一館哪一院，都覺得很無聊。我試著模仿大人的動作，帶著若有所思的神情在館裡默默走動或站在某一幅繪畫或雕塑前沉思，可惜沒用，一點感覺或收穫都沒有。但去參觀加冕珠寶就不同了，我一進去就迷上了，感覺就像進了阿拉丁的寶庫。金飾和珠寶彷彿在對我說話，比藝術更基本、更原始，一股虔敬之情在我心中油然而生。事後回想起來，我覺得震懾我的不是金銀財富，而是那純粹的物質性。

一大群參觀者擠在「非洲之星」（卡利南礦場那枚全球最大鑽石切割完成後，命名為非洲之星）前面，光是瞥見它一眼就讓我永生難忘。即使有一個身穿潮濕格子襯衫的大塊頭男人和一個噴個不停的印度婦人擋在我前面，但我從那男人的腋下看到的，依然讓我印象深刻。在場有印度婦人也實在巧合，因為我後來看我父親的百科全書時才發現，印度過去是鑽石的唯一來源，直到十八世紀中葉其他地區（尤其是南非）也發現鑽石才失去獨占地位。

事實上，每顆鑽石都是單一晶體。一顆鑽石通常含有大約一秭（10^{24}）個原子，排列組合成完美的金字塔結構。就是這個結構讓鑽石擁有如此特別的性質。電子在這個結構中被牢牢鎖住，非常穩固，因此鑽石才會以硬度著稱。鑽石很透明，但色散率高得出奇，所以會讓入射光分解為七色，產生耀眼的七彩光輝。

極度堅硬加上色澤晶瑩，讓鑽石成為幾近完美的寶石。因為硬度高，所以幾乎不會遭任何東西刮傷，可以永遠保持切面完整、亮度無瑕，不僅能終生配戴，甚至能抵受文明更迭。無論晴雨、在大風沙或叢林中佩戴，甚至洗衣時戴著，統統不用害怕。人類早在遠古時代就知道鑽石是世界上最堅硬的材質。鑽石的英文diamond，源自古希臘文 adamas，意思就是「不可改變」和「不會碎裂」的。

瀟灑鑽石大盜

把卡利南鑽石安全運回英國是一項艱巨的挑戰，因為南非挖到史上最大未加工鑽石的消息早已在報紙上大肆傳開。所有惡名昭彰的匪徒都有可能對鑽石下手，包括搶過一整船鑽石的大盜沃斯（Adam Worth）。福爾摩斯的死對頭莫里亞蒂教授，就是以沃斯為靈感創造出的人物。最後，運送者想出了一個足以媲美福爾摩斯的天才的計畫。他們派出重兵用汽船運送假鑽石，把真鑽石用簡單的棕色紙箱裝好寄回英國。這套計謀之所以奏效，得歸功於鑽石的另一項特點：因為它只由碳組成，所以重量極輕。卡利南鑽石整顆的重量不過比半公斤多一點。

沃斯並非是唯一覬覦鑽石的人。由於有錢人愈來愈愛收藏巨鑽，導致飛賊這種新型態的犯罪應運而生。鑽石質輕價高，就算只偷到彈珠大小的鑽石也能讓人終生衣食無虞，而且鑽石一旦失竊，幾乎再也追不回來。相較之下，我就算偷了海姆的獎牌熔成金塊，頂多也只能賣個幾千英鎊。

鑽石大盜的形象就和他們偷竊的東西一樣，優雅、純淨又有教養。在電影「捉賊記」和「粉紅豹」裡，鑽石都被描繪成受囚禁的公主，而來解救它們的白馬王子，白天是名流仕紳，夜裡是飛天大盜，飾演者都是卡萊葛倫或大衛・尼文之類的明星。在這些電影裡，偷竊鑽石是義舉，而鑽石大盜手腳輕盈，只要有黑色緊身衣，並熟悉豪宅和藏在名畫後面的保險箱就能搞定。然而竊取錢財或黃金的銀行搶匪或火車大盜，卻被描繪成罪大惡極，全是貪婪凶狠之徒。

鑽石雖然價值不菲，卻從來不曾像黃金一樣成為全球貨幣體系的單位。它不是流動資產，而且確實如此，因為鑽石無法熔解，所以也無法貨幣化。巨鑽除了引發讚歎之外毫無用途，最重要的功能只有展現地位。二十世紀以前，只有富商巨賈買得起鑽石，但歐洲中產階級興起後，讓採鑽者看到了誘人的新商機。戴比爾斯公司於1902年掌握了全球90%的鑽石產量。對他們來說，如何把鑽石推銷到更大的市場，卻又不會貶損其價值是最大的難題。

這家公司靠著高明的行銷手腕克服了這一點。他們發明了「鑽石恆久遠」這句廣告詞，灌輸世人唯有鑽戒才能表達堅貞的愛情。凡是希望愛人相信自己真心誠意的男人都應該買一只鑽戒，而且愈貴愈能代表真心。

這套行銷手法空前成功，讓鑽戒變成家家戶戶的必備品。其中最經典的是「007：金鋼鑽」電影用約翰・貝瑞作曲，雪莉・貝西主唱的主題曲，把鑽石一舉推向真愛的聖殿。

鑽石變石墨

然而，鑽石並不久遠，至少在地表上無法達到永恆。它的同胞兄弟石墨其實更穩定，鑽石最終都會變成石墨，就連收藏在倫敦塔裡的非洲之星也不例外。雖然得花上幾十億年才會看見鑽石的改變，但對擁有鑽石的人來說，這或許仍然是令人難過的消息。

石墨的構造跟鑽石完全不同，石墨是碳原子以六角形連結成的層狀結晶，構造非常穩定堅固，碳原子間的鍵結強度也高過鑽石。考慮到石墨通常當成潤滑劑或鉛筆的筆心，它的碳原子鍵結強過鑽石，還滿令人意外的。

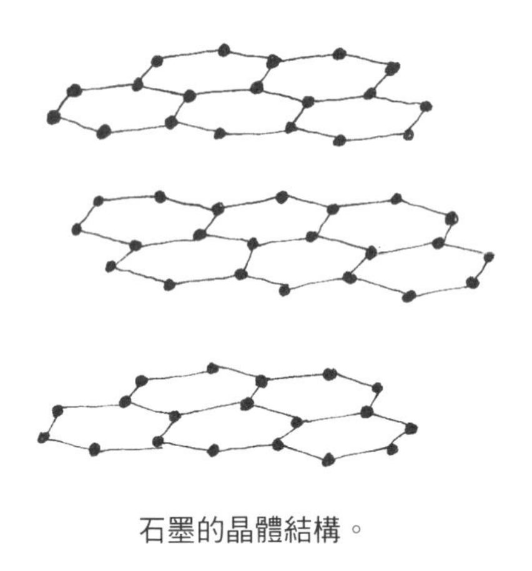

石墨的晶體結構。

這個問題不難解釋。石墨層內部的每一個碳原子，都跟另外三個碳原子共享四個電子，而鑽石內的碳原子則和四個碳原子共享電子。這使得石墨層的電子結構跟鑽石不同，雖然化學鍵更強，但缺點就是層與層之間缺乏多餘的電子形成穩固的連結，只能靠材料世界的萬用膠支撐，它是分子電場變動產生的弱吸引力，稱為凡得瓦力。寶貼黏土的黏性就是來自凡得瓦力。由於受力時凡得瓦力會最先瓦解，使得石墨非常柔軟。這就是鉛筆的原理。把石墨筆心壓在紙上會讓凡得瓦力瓦解，石墨層於是滑到紙上成為字跡。如果凡得瓦力不是這麼弱，石墨會比鑽石還堅硬。而這正是海姆團隊的研究起點。

仔細觀察鉛筆的石墨筆心，就會發現它是深灰色的，並帶有金屬光澤，難怪幾千年來一直被人誤認，稱它為「筆鉛」或「黑鉛」，而「鉛」筆也是因此得名。分不清鉛和石墨情有可原，因為兩者都是軟金屬（現在改稱石墨為半金屬）。由於石墨不斷出現新用途，例如非常適合鑄造砲彈和槍彈，使得筆鉛礦也愈來愈值錢。十七和十八世紀，石墨在英國貴得出奇，甚至有人挖掘祕密通道潛入礦坑偷取石墨，或是到礦場工作時趁機私下夾帶。石墨的價格飆漲，走私和相關犯罪也不斷增加，直到英國議會1752年立法通過對竊取石墨者處以重刑，最高可判一年勞役或流放澳洲七年，才遏止了這股歪風。1800年，石墨產業的規模更是龐大，所有筆鉛礦場入口都得由武裝警衛站崗以保安全。

石墨有金屬光澤，鑽石沒有，原因同樣來自石墨的六角結構。之前提過，鑽石內部每個碳原子的四個電子都各有一個外來電子與之鍵結，因此晶格內的所有原子都被牢牢固定著，且沒有「自由」電子。所以鑽石不導電，因為晶格內沒有電子可以自由活動，承載電流。然而，石墨內部碳原子的外層電子不僅會和隔壁碳原子的電子鍵結，還會形成一片電子汪洋。這會造成幾個結果。首先是石墨可以導電，因為結晶內的電子跟液體一樣可以自由活動。其次，愛迪生製作的首盞燈泡即是以石墨為燈絲，因為它的熔點高，就算強力電流通過，也只會散發白熱光，不會熔化。而且電子海還是光的電磁跳躍床，會反射光線，使得石墨會如同其他金屬一樣散發光澤。不過，海姆和他的同伴可不是靠解釋石墨的金屬性質拿到諾貝爾獎的。這只是他們的研究起點。

碳是地球上所有生物的生命基礎。雖然那些碳和石墨差別很大，不過只要燃燒就能輕鬆變成石墨的六角形結構。木頭加熱會變成黑炭，麵包也是，我們人類遇到火也會變得焦黑。然而，這些都不會產生黑亮的純石墨，因為產生的石墨層並沒有緊密疊合，而是零亂交錯。焦黑的物質其實種類繁多，但有一個相同點：它們都含有最穩定的碳結構──六角薄層。

煤炭化為黑玉

十九世紀時又有一種焦黑物質竄起，那就是煤炭。煤炭和燒焦的麵包不同，它的碳原子六角形平面結構不是受熱產生的，而是腐植質經過數百萬年的地質作用形成的。煤炭最初是泥炭，但在適當溫度和壓力的作用下會變成褐炭，接著轉為煙煤或瀝青煤，再變成無煙煤，最後成為石墨。在這個過程中，煤炭逐漸失去易揮發的成分，也就是腐植質裡原有的氮、硫和氧，變成愈來愈純的碳。當六角形平面開始生成，煤炭就會出現金屬光澤。這個特徵在一些漆黑如鏡的煤炭上特別明顯，例如無煙煤。不過，煤炭很少是純碳，所以燒起來有時味道才會那麼重。

由智利南洋杉石化而成的煤炭最具美感。它質地堅硬，可以鑿切和拋光，散放美麗的烏黑光澤。這種煤炭又稱為黑琥珀，因為它和琥珀一樣能因摩擦而產生靜電，讓頭髮豎直。不過，黑玉才是它更廣為人知的名字。十九世紀，英國維多利亞女王為了悼念夫婿亞伯特王子的辭世，決定終生服喪，從此黑衣素服並佩戴黑玉首飾，立刻讓黑玉蔚為時尚。大英帝國對黑玉的喜好突然大增，使得黑玉礦藏量豐富的約克郡惠特比鎮（就是作家史托克後來寫下《吸血鬼德古拉》的地方）一夕之間全面停止生產燃料，改做悼念首飾，從此成為知名的黑玉珠寶重鎮。

過去若是宣稱鑽石跟煤炭以及石墨是同一種東西，一定會被笑是痴人說夢。一直到化學家開始觀察鑽石受熱後的變化，局面才有所改觀。1772年，化學之父拉瓦節就這麼做了。他加熱鑽石至火紅，發現鑽石燃燒後什麼都沒留下，一點不剩，彷彿徹底消失了。這個實驗結果讓他大為意外。其他寶石無論是紅寶石或藍寶石都能耐赤熱，甚至白熱，完全不會燃燒，而鑽石身為寶石之王卻似乎有著致命弱點。

拉瓦節接下來做的事情真是深得我心，充分展現了實驗的優美之處。他在真空中加熱鑽石，不讓空氣與之反應，好加熱到更高溫。這個實驗說易行難，尤其當時是十八世紀，連要製造真空都不簡單。然而，鑽石受熱後的反應讓拉瓦節瞠目結舌。鑽石依然不耐赤熱，但這回沒有消失，而是變成了石墨：證明鑽石和石墨確實由同一種物質組成，也就是碳。

知道這一點後，拉瓦節和無數的歐洲人便開始尋找逆轉的方法，想把石墨變成鑽石。找到的人就能一夜致富，因此所有人都爭先恐後。然而，這是艱巨的任務，因為所有物質都傾向從不穩定態轉變為穩定態，而鑽石的結構比石墨不穩定，因此需要極高的溫度和壓力才能反轉這個過程。地殼下有這種條件，但仍需要數十億年才能生成一枚巨鑽，而在實驗室模擬同樣的環境非常困難。每隔幾年就有人宣稱成功，卻又一次次證明失敗。投入實驗的科學家沒有人一夕致富，有人說這證明了沒人成功，有人則懷疑成功的人祕而不宣，暗地裡慢慢發財。

合成多種碳結構

無論真相如何，一直到1953年才有可靠證據顯示，真的有人做到了。如今人造鑽石是非常龐大的產業，但仍舊無法跟天然鑽飾相抗衡。原因有幾點。首先是雖然相關技術已經非常精進，使得小枚人造鑽石的價格遠低於開採得到的天然鑽石，但這些鑽石往往不夠透明且有瑕疵，因為加速製造的過程會產生缺陷，使得鑽石染到顏色。

事實上，這些鑽石幾乎都用在採礦業，裝配在鑽探和切割工具上，不是為了美觀，而是為了讓工具能切開花崗岩和其他的堅硬石塊。其次，鑽石的價值主要來自它的「純正」。求婚鑽戒雖然跟人造鑽石構造相同，卻是在地底深處醞釀十億年而形成的。第三，就算你超級理性，不在乎寶石的出身來歷，購買人造鑽石贈送愛人還是要價不菲。市面上有許多閃亮的替代品不僅便宜許多，而且同樣璀璨耀眼，只有鑽石專家才分得出真假，例如方晶鋯石就是不錯的選擇，甚至玻璃也可以。

不過，鑽石的崇高地位除了受到石墨的強力挑戰，還面臨另一個打擊，那就是它並非世上最硬的物質。

1967年，人類發現碳原子還有第三種排列方式，能形成比鑽石還堅硬的物質。這個物質名叫六方白碳石，結構以石墨的六角形平面為基礎，只是改為立體構造，據稱硬度比鑽石高出58%，但由於數量太少，所以很難測試。最早的樣本是在美國亞利桑納州迪亞布洛峽谷（Canyon Diablo）的隕石上發現的，高熱和巨大的撞擊力把石墨變成了六方白碳石。

沒有人用六方白碳石做成婚戒，因為產生六方白碳石的隕石撞擊非常罕見，而且也只會生成極小的晶體。但發現碳的第三種排列方式還是不免引來好奇，除了鑽石的立方體結構，煤炭、黑玉、木炭和石墨的六角形結構及六方白碳石的三維六角形結構之外，會不會還有其他的排列方式存在？感謝航空工業，第四種排列方式很快就有人合成出來了。

飛機早期多由木材製成，因為木材質輕而硬。第二次世界大戰期間，速度最快的飛行器其實是名叫「蚊式轟炸機」的木造飛機。然而，使用木材製作飛機骨架問題不少，因為很難做出無缺陷結構。

因此當工程師想做出更大的飛行器時，便轉而採用一種名叫鋁的輕金屬。但鋁還是不夠輕，所以許多工程師絞盡腦汁希望找出比鋁更輕、更堅固的材料。這種材質似乎不存在，於是1963年英國皇家航空研究院的工程師決定自己來發明。

更輕更強的碳纖維

他們為這個材質命名為碳纖維，方法是把石墨紡成細絲。細絲織成布料再縱向捲起，就會有極高的強度和硬度。不過它的弱點跟石墨一樣，就是仍然要依靠凡得瓦力，但這問題只要用環氧膠包住纖維就可以解決了。於是一種全新的材質就此誕生，那就是碳纖維複合材料。

雖然碳纖維日後確實取代了鋁成為製造飛機的材料（幾年前問世的波音七八七，機體的七成是使用碳纖維複合材料），但這中間耗費了不少光陰。體育用品製造商可是立刻就愛上了這個材料。它一舉提升了球拍的效能，使得死守鋁和木材等傳統材質的球拍，很快就被超越了。

我還清楚記得我朋友詹姆士拿著碳纖維網球拍來球場的那一天。球拍上碳纖維的黑色方格紋路非常明顯。比賽前，他先把球拍借我，讓我打幾球感受它的輕盈與威力，然後拿回球拍，在比賽中把我打得落花流水。跟一個球拍比你輕一倍，力量比你大一倍的人打球，實在非常令人喪氣。我朝他大吼：「你碳狠了！」可惜沒用。

沒多久，這個材料便橫掃所有能用它製作出更輕、更強力器材的運動。基本上就是所有的運動。

1990年代，工程師開始用碳纖維製造更符合空氣動力學的單車，從此改寫了自行車競賽。其中最經典的例子，或許是英國自行車傳奇博德曼（Chris Boardman）和勁敵歐伯利（Graeme Obree）爭奪「一小時紀錄」的比賽。這項比賽是要了解人類單憑體力，能在一小時內騎多遠。兩位選手於1990年代藉由製作愈來愈精良的碳纖維單車，不只持續突破世界紀錄，也不斷打破對方的紀錄。1996年，博德曼騎出一小時56.375公里的紀錄，引發了國際自行車聯盟的強烈反彈，立即下令禁用碳纖維單車，因為他們深怕這個新材料會徹底改變自行車運動的本質。

一級方程式賽車的做法完全相反。他們經常改變規則，以強迫車隊在材料設計上不斷創新。的確，科技領先是賽車運動不可或缺的一部分，而勝利不只出於車手的駕駛技術，更來自工程設計的突破。

除了車類競賽，連賽跑都受到碳纖維的影響，使用碳纖維義肢的殘障選手愈來愈多，終於使得國際田徑總會在2008年下令禁止這些運動員和體格健全的一般選手同場競技，因為他們認為碳纖維義肢會造成不公平的競爭優勢。不過，這項命令遭到國際體育仲裁法庭否決。2011年，南非短跑選手「刀鋒戰士」皮斯托利斯參加了南非世界田徑錦標賽的男子四百公尺接力，全隊獲得了銀牌。除非田徑聯盟採取自行車聯盟的做法，否則碳纖維注定會在田徑競賽上扮演更吃重的角色。

碳纖維複合材料空前成功，讓不少工程師開始幻想追求最不可能的目標。他們問道：這個質地強韌的材料是不是能實現人類長久以來的夢想，興建一座電梯直達太空？太空電梯計畫又稱為天鉤、天梯或宇宙纜車計畫，目的在興建一條通道，連接赤道和赤道正上空的同步人造衛星。這個計畫若能完成，外太空旅行將立刻成為人人負擔得起的活動，所有人員和貨品都可以輕鬆送上太空，幾乎不必耗費能源。

俄國工程師阿特蘇塔諾夫（Yuri Artsutanov）於1960年率先提出這個構想，希望建造一條長達3萬6千公里的纜線，連接衛星和赤道上的定點船隻。所有研究都顯示他的構想確實可行，但製作纜線的材料必須具備極高的強度重量比。之所以要考慮重量，是因為搭建任何纜線結構前，都必須先考慮它能否支撐自己而不致綳斷。因此以3萬6千公里長的纜線來說，每股纜線的強度必須能舉起一頭大象，但即使頂級碳纖維也只能舉起一隻貓。不過，這是因為碳纖維缺陷太多的緣故。理論計算清楚指出，只要能做出純碳纖維，它的強度就會大幅提高，甚至超過鑽石。於是所有人開始尋找方法，希望做出這樣的材料。

第四種碳原子排列方式的出現為搜尋者帶來了曙光，而且出自一個眾人都始料未及的地方，那就是蠟燭的燭焰。1985年，克洛圖（Harold Kroto）教授的研究團隊發現燭火內的碳原子竟然會自行集結成超分子，而且都恰好包含六十個原子。這些超分子外觀有如巨大的足球，而建築師巴克明斯特・富勒正好設計過結構相同的六角網格球頂，因此這些超分子也稱為「巴克球」。克洛圖的研究團隊因為這項發現而獲頒1996年的諾貝爾化學獎，同時也讓世人明白一件事：微觀世界裡可能還包含許多人類未曾見過的碳原子排列方式。

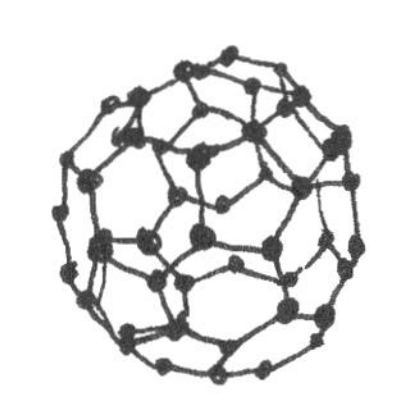

「巴克球」的分子結構。

碳原子幾乎一夜之間成了材料科學最熱門的研究對象，而且另一種碳原子的排列方式很快就出現了。

在新的結構中，碳原子會形成直徑只有幾奈米寬的長管，雖然結構複雜，卻有一個特殊性質，那就是它會自行集結，完全無須外力就能自行合成複雜的奈米管，也不需要高科技器材協助，在蠟燭的煙裡就能成形。這感覺就跟發現微生物一樣，世界突然變成一個比我們所想像更複雜、更神奇的地方。不只生物能自行合成複雜的結構，非生物世界也可以。世人開始著迷於製造和檢視奈米分子，奈米科技也蔚為風潮。

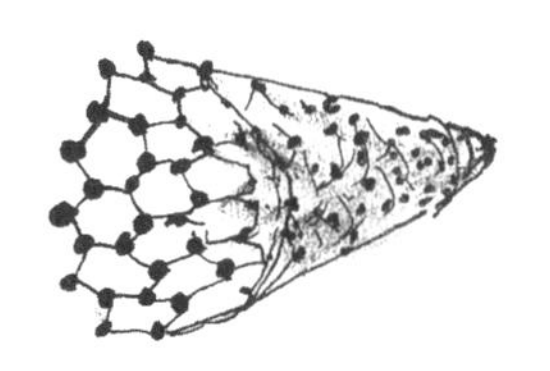

奈米碳管的分子結構。

奈米碳管很像迷你的碳纖維，只少了微弱的凡得瓦力。科學家發現它是地球上強度重量比最高的物質，因此或許能用來製造太空電梯。所以問題解決了嗎？其實不盡然。奈米碳管通常只有幾百奈米長，但必須要達數公尺長才能用來製作纜線。目前全球有數百個奈米科技研究小組正努力解決這個問題，但海姆的團隊卻沒這麼做。

海姆的團隊問了一個更簡單的問題：既然這些新的碳原子排列方式都以石墨的六角形結構為基礎，而石墨本身又是一層層六角形平面堆疊而成的，那為何石墨不是我們在找的魔術材料？答案是，六角形平面狀的石墨層太容易彼此鬆動，使得石墨非常脆弱。但要是只有一層石墨層呢？那會是什麼狀況？

海姆端著咖啡回到辦公室時，我手裡依然拿著他的獎牌。雖然是他要我拿出來看的，我還是微微有一點罪惡感。他放下咖啡，從我手中取走獎牌，放了一塊來自英國坎布里亞郡筆鉛礦場的純石墨到我掌心裡，跟我說這塊石墨是他到礦場拿的。他當時在曼徹斯特大學做研究，礦場就在同一條路上。說完他開始解釋他的團隊如何做出單層的碳原子六角形平面。

他撕了一小條膠帶貼在那塊石墨上，隨即把它撕下。只見膠帶上黏了一層散發金屬光澤的石墨薄片。接著他又撕了一小條膠帶貼在石墨薄片上，再撕開。薄片順利分成了兩半。反覆四、五次之後，石墨薄片愈來愈細薄，最後他說其中有些石墨厚度只剩一個原子了。我看了看他手上的膠帶，只見上頭有幾個小黑點，但我不敢小覷，只好目不轉睛盯著看。海姆笑著說：「你不可能看見的，一個原子厚的石墨是透明的。」我故意用力點頭假裝知道。接著海姆帶我到隔壁用顯微鏡看，這樣就能瞧見石墨的原子層了。

海姆的團隊拿到諾貝爾獎不是因為做出單層石墨，而是發現單層石墨的性質非常特別，就算放在奈米世界中也一樣奇特，應該將它視為一種新材質，並且取個名字。他們決定叫它「石墨烯」。

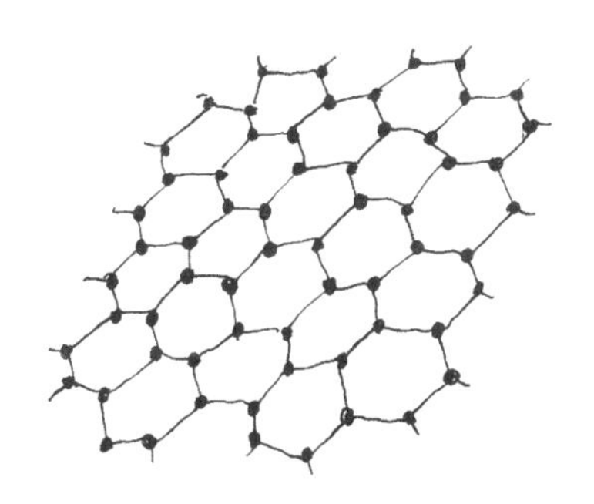

石墨烯的分子結構。

神奇材質石墨烯

簡單來說，石墨烯是世界上最纖薄、最強韌和最堅硬的物質，導熱速度比目前已知的所有材質都快，也比其他物質更能載電，導電更快、電阻更小。此外，石墨烯還允許克萊因穿隧效應。克萊因穿隧效應是一種奇異量子效應，物質內的電子可以自由通過（穿隧）勢壘，彷彿障礙完全不存在。這表示石墨烯很有潛力成為迷你發電廠，取代矽晶片成為所有數位運算和通訊的核心。

石墨烯纖薄、透明、強韌又易導電，因此也可能成為未來觸控介面的首選材料，不僅能用在我們已經習以為常的觸控螢幕上，甚至連在物品和建築上也能應用。不過，石墨烯最出名也最古怪的一點，就是它是二維材料。它當然有厚度，只不過就只能這麼厚，薄一點或厚一點就不是石墨烯了。海姆的團隊展示了這一點。加上一層碳原子到石墨烯上，它就會變回石墨；取走一層碳原子就什麼也不剩。

我的美術老師巴靈頓先生說，石墨是比鑽石還要高等的碳，雖然他說話當時並不知道我們在這裡討論的內容，但他幾乎全說對了。他還強調石墨的原子特性很重要，這一點也說對了。石墨烯是構成石墨的基本單位，厚度只有一個原子。你用鉛筆寫字，有時在紙上留下的就是它。石墨烯可以單純用來表達藝術，不過它的功用遠大於此。石墨烯和捲成管狀的奈米碳管將成為人類未來世界的重要推手，從微觀到巨觀，從電子到汽車、飛機和火箭，甚至（誰曉得？）太空電梯，統統都將與這兩種材料有關。

沒有石墨就沒有石墨烯。所以這表示石墨終於超越鑽石，這頭黑馬終於在纏鬥數千年後甩開鑽石脫穎而出了嗎？儘管現在還言之過早，不過我是有點存疑。因為雖然石墨烯終將開創工程科技的新時代，科學家和工程師也已經對它愛不釋手，但不表示它就至高無上了。鑽石或許不再是最堅硬和強韌的物質，我們也知道它並非永恆，但大多數人依然不這麼想。鑽石依然是堅貞愛情的見證。鑽石和真愛的連結或許源自高明的行銷手腕，但對我們已經成為真實。

石墨烯也許比鑽石更有用處，但它不會熠熠生輝，它薄得幾乎看不見，而且只有二維平面，這些都不是世人眼中真愛的特質。因此，我認為除非哪天行銷公司看上石墨烯，否則立方結晶結構的碳依然會是女人最好的朋友。

9

精緻的瓷器

1962年1月，米奧多尼克家族正忙著張羅慶祝我父親彼得・米奧多尼克和未婚妻凱絲琳的大喜之日。婚禮已經計劃就緒，邀請函也已寄出，猶太男子和天主教女子聯姻的宗教指導也在進行，所有人神經緊繃，嬉皮倡導的自由之愛或許還沒開始，但要給年輕新人的禮物已經訂好了，其中一件就是骨瓷茶具組。

茶具組裝在木盒裡，從哈洛德百貨公司郵寄到我父母家中。他們把茶杯和碟子從木屑裡取出，清洗後放在廚房滴水板上晾乾。這時，茶杯和碟子總算有空瞧瞧新家了。倫敦市郊的住宅區，廚房很空但很寬敞。忽然一只茶杯從水槽邊摔到了塑膠地板上，結果竟然沒有砸碎。這對新人覺得不可思議，開心的相視而笑。他們覺得這是好預兆，結果也是。這組茶杯在婚姻路上一直伴隨著我的爸媽。五十年後的現在，我在左頁相片裡放的就是碩果僅存的最後一只杯子。

起初，這些骨瓷茶杯必須跟我母親從愛爾蘭帶來的木杯一起擠在櫥櫃裡。我想它們一定嚇壞了。當然，木杯很有鄉村風，它的色澤美麗天然，自然純樸的感覺對於嚮往田園生活的人也很有吸引力，但拿來喝東西實在不合適。不僅木頭味很重，表面的細孔還很容易吸收氣味，讓之後的飲料喝起來味道不對。

除了木杯，我家還有金屬做的杯子，顯然是露營用具，是因為新婚夫妻餐具不夠才拿來充數的。不過，金屬杯比起木杯也好不到哪裡去。我們用金屬刀叉，覺得用起來比其他材質適合，是因為金屬硬而強韌，製作出來的刀叉既輕巧又不會彎曲或折斷。更重要的是，金屬外表光滑明亮，很容易判斷乾不乾淨，畢竟這些餐具之前曾經放進別人嘴裡。不過金屬導熱太快，無法用來喝熱飲，而且聲音又大又吵，有損紅茶的優雅形象。

真正的永續環保材質

哥哥和我出生之後，塑膠杯開始進駐我家。跟大多數孩童用品一樣，這些杯子色彩鮮豔、堅固耐用，非常適合裝盛小孩愛喝的飲料。這些飲料的甜度和果味通常都比茶高出許多。塑膠質地較軟，放在嘴裡感覺溫暖、舒服又安全且外觀活潑討喜，跟童年的感覺很像。要是塑膠果汁杯放久了能變成骨瓷茶杯，年歲愈久愈堅強、有個性，那就好了。可惜塑膠杯老化得太快，禁不起太陽紫外線的折騰，每次帶出去野餐就會折損幾年壽命，不斷降解，最後變得泛黃易碎，終至四分五裂。

陶瓷就不同了。它完全不怕紫外線降解和化學攻擊，而且比其他材質更耐磨耐刮。油料、油脂和大多數汙漬都沾不上它。單寧以及少數分子確實會附著在陶瓷上，但用酸性溶液或漂白水很容易就能去除。這些因素都使得瓷器能長年保持原貌。事實上，我桌上那個茶杯要不是從杯緣到把手有一條小裂縫，而且也被單寧弄髒了，看起來就和五十年前沒有兩樣。能做到這一點的東西不多。紙杯似乎很環保，是永續材料，因為紙能回收。但為了防水，紙杯必須上蠟，所以根本不能回收再利用。真正的永續材料非陶瓷莫數。

撇開實用性不談，除了陶瓷之外，使用其他材質的容器喝茶都近乎褻瀆，無論紙杯、塑膠杯或金屬杯皆然。喝茶不只是吞飲液體，更是一種社會儀式，一種理念宣揚，而瓷杯是其中不可或缺的成分，因此也是有教養的家庭的必備物品。

陶瓷的崇高地位由來已久，比紙、塑膠、玻璃和金屬都要久遠。故事起自人類把河床的黏土放入火中，發現黏土不只變乾，還會產生質變，從原來的濕濕軟軟變成堅硬的新物質，性質幾乎跟石頭一樣。不僅堅硬、強韌，而且能塑型做成貯藏穀物和取水的容器。沒有這些容器，農業和屯墾就不會出現，現有的人類文明也不可能發端。這些素樸的容器在一萬年後得到了「陶器」的稱號。

然而，這些早期的陶器其實並不像石頭，它們的質地脆弱且易碎，摸起來粗糙並容易滲漏，放在顯微鏡底下看，它的表面都是小洞。陶瓦和土器是這些早期陶瓷的現代遠親，雖然非常好做，卻還是脆弱得可怕。

我自己有好幾次把陶瓦鍋（通常是渡假時買的）放進烤箱裡燉肉，結果一小時後卻發現鍋子裂了，肉湯滲了出來。其他地方我不敢說，但烤箱應該是陶瓷最自在的環境呀，畢竟它們就是在窯裡製造的，但陶瓦鍋還是一直表現欠佳。原因是湯汁會滲入細孔裡，受熱後變成氣體把細孔炸成微小的裂縫，然後像小溪匯流成河一樣，跟其他裂縫串連成大裂縫，最後在陶瓦鍋表面裂開，不僅毀了鍋子，也往往毀了那道菜。

陶瓷不同於金屬、塑膠或玻璃，無法熔解和澆鑄。但更正確的說法是，沒有其他材質能承受陶瓷熔化時的高溫。陶瓷的成分跟山巒及岩石一樣，熔解後就成了岩漿或熔岩。但就算能取得熔岩並灌入鑄模，也無法製造出強韌的陶瓷，至少絕對不是你認得的，或用來泡茶的那種。熔岩當然只會形成火山岩，充滿孔洞與瑕疵，需要歷經地底深處數百萬年的高熱與高壓，才會轉變成所謂的火成岩，建構起高山和丘陵。因此，想製造取代岩石的人造物就只有兩條路，一條是利用化學反應，也就是水泥和混凝土造成的作用，另一條是像製作陶器一樣，在窯裡加熱黏土，但不是把黏土熔化，而是利用結晶的一個特殊性質。

黏土是礦物微粒和水的混合物。這些礦物微粒跟沙一樣，是水和風侵蝕岩石的結果，基本上就是極細的結晶。黏土常常出現在河床裡，因為山上的風化礦物質被沖刷到河水中，淤積在河床形成濕軟的泥土。不同的礦物質組成，會形成不同的黏土。例如陶瓦的結晶通常包括石英、礬土和鐵鏽，因此才會呈紅色。

黏土受熱時，水分會首先蒸發，讓微粒結晶有如沙堡般堆疊在一起，並留下許多孔洞，孔洞是水分消失後留下的空隙。但高溫會造成一個很特別的現象，就是結晶裡的原子會跳到隔壁的結晶再跳回來。不過，有些結晶裡的原子不會回到原位，於是結晶之間開始逐漸形成原子橋，最後有數十億條原子橋生成，使得原本只是堆在一起的結晶群變成單一的連續體。

原子會這麼做的原因跟化學物質會進行反應的原因一樣。結晶裡各原子的所有電子，都會跟周邊的電子形成穩定的化學鍵，也就是處於「填滿」狀態。但在結晶的邊緣和表面會有一些「未填滿」的電子找不到其他原子可以鍵結，這些電子就像鬆脫的零件。因此，結晶內的所有原子都想在結晶內部而非表面找到位置固定下來，也就是說結晶表面的原子很不穩定，一有機會就會想改變位置。

加熱會讓群聚的小結晶產生變化，形成完整單一的物質。

結晶的溫度不高時，原子通常沒有足夠的能量四處移動，突破限制。但只要溫度夠高，原子就會開始移動、重新組織，讓被迫留在結晶表面的原子愈少愈好，結果就是結晶表面愈來愈小。這些原子重新塑造了結晶的形狀，讓結晶不斷壓縮緊實，消除其中的空隙，於是所有微粒結晶自然緩緩壓合成完整單一的物質。這個過程一點也不神奇，但過程的結果卻很神奇。

這當然是理論。某些種類的黏土比較容易發生這個過程。陶瓦的優點在於取得方便，而且不必太高溫就能發生重組，靠普通的大火或柴爐就行了。這表示製作陶瓦的技術門檻很低，於是人類開始用陶瓦大興土木，修築城鎮。一般常見的磚頭便是陶瓦的一種。然而陶瓦有一個大問題，它永遠無法去除孔隙，永遠無法完全密實。這對磚頭來說沒什麼，因為它只需要相對堅固，而且一旦用水泥固定，就不會再受敲打，也不會反覆受熱與冷卻。但對杯子或碗盤來說就是災難了，因為這些器皿很薄，卻又得承受烹調的嚴苛考驗，結果是完全抵擋不住。只要輕輕一敲，陶瓦裡的孔洞就會造成裂痕，一發不可收拾。

東方的陶匠最先解決了陶器多孔和易碎的問題。首先，他們發現只要在土胚上覆蓋一種特別的灰燼，這些灰燼就會在加熱時變成玻璃塗層附著在陶器表面，把土胚外層的孔洞都封住。改變釉粉的成分與上釉部位，就能為陶器上色和裝飾。這不僅能讓陶器防水，更開啟了陶器裝飾的新境界。

現在很容易見到這種上釉土器，我家廚房裡就有不少，像是廚房水槽周圍牆壁和流理台的瓷磚，它們讓廚房容易清理又美觀，當然浴室和廁所裡也少不了瓷磚。使用花紋瓷磚鋪設地板、牆壁甚至整棟樓房，是中東和阿拉伯建築的特色。

上釉能防止水分滲入，卻仍無法解決瓷磚內部孔隙過多的問題，而這正是裂痕出現的原因。所以瓷磚還是相對脆弱，上釉的陶杯和陶碗也不例外。這個問題還是由中國人解決了，不過靠的是發明一種全新的陶瓷。

中國人發明精緻瓷器

兩千年前，東漢的陶匠想要改善自己做出的陶器，開始進行實驗。他們不僅嘗試各種不同的黏土，還自己調配黏土，加入各種河裡黏土不會有的礦物質。其中一種礦物質就是白色的高嶺土。為什麼要加高嶺土？沒人知道。或許純粹出於實驗精神，也可能因為陶匠喜歡高嶺土的顏色。

他們顯然試過各種混合，最後終於發現一種特殊配方，成分包括高嶺土和一些其他礦物質，例如石英和長石，混合成一種白黏土，加熱後會變成非常好看的白陶。這種陶並不比土器強韌，但和之前已知的黏土不同，只要把窯火加熱到極高的1,300℃，它就會發生奇怪的變化，成為外表如水的固體。這種白陶的表面近乎完全光滑，可以說是世上可見最美的陶瓷，而且強度和硬度都遠超過其他陶瓷。由於強度極高，它可以製成極薄的杯碗，幾乎和紙一樣薄，卻依然不容易產生裂痕。做出來的杯子近乎透明，相當細緻。它就是瓷。

瓷結合強韌、輕盈、優雅和無比光滑的特質，成為它最強有力的條件，很快就和皇室連上了關係，成為財富和高雅品味的象徵。但瓷還有另外一層意義。由於造瓷需要豐富的知識與技術，要能找到適當的礦物比例並建造可以產生高溫的陶窯，瓷成為了技巧與藝術完美結合的象徵。瓷很快便從漢朝的驕傲變成了漢朝的圖騰，成為國力的展現。自此之後，中國歷朝各代都會有自己的官窯。

中國各朝努力製作精美絕倫的器皿和禮器來妝點皇宮，以彰顯自家陶藝。不過他們深知要讓賓客真正驚豔，就不僅得讓賓客看見瓷的輕盈與透明，還要親眼和親手體會，而品茗正是最完美的機會。於是以瓷杯待客不僅成為精湛陶藝的展現，也是雅致的文化活動，最後更成為一種儀式。

由於中國瓷器遠優於其他陶器，使得中東和西方的商人一眼就曉得這些瓷器是多麼有價值的商品。他們不僅引進瓷器，連品茶文化也一併引入中東和西方，使得瓷和品茶成為宣揚中國文化的代表，所到之處無不風靡。當時歐洲人還在使用木杯、錫杯、銀器和陶杯，瓷器充分顯現出，中國在工藝技術上超出其他文明甚多。用上等瓷器招待客人品嘗上等中國茶，立刻讓你身價不凡。於是這個稱為「白金」的精巧白瓷很快就成為龐大的生意。

中國引領風騷五百年

由於瓷器貿易量太過驚人，許多歐洲人心想要是能自製瓷器，肯定能大賺一筆。然而，歐洲人始終不得其門而入。就算他們派人到中國刺探，瓷器製造依然是中國的不傳之祕，令歐洲人妒羨不已。要到五百年後，一位名叫貝特格（Johann Friedrich Böttger）的人被薩克森國王拘禁，令他找出製造瓷器的方法，否則人頭落地，歐洲才終於做出像樣的瓷器。

貝特格原本是鍊金術士，但1704年於拘禁期間受命當馮齊恩豪斯的手下，使用各種白色礦物有系統的進行實驗，以找出製造瓷器的方法。他們在當地發現的高嶺土成了實驗的轉捩點。兩人一旦創造出所需的高溫，就破解了中國人保守千年的祕訣。

貝特格沒有用茶杯來證明自己真的做出了瓷器，而是把白熱狀態的瓷器從1,350℃的窯中取出，直接拋進裝水的桶子裡。絕大多數陶器都會因為冷熱差距過大而破碎，土器和陶瓦更會爆裂。但瓷器實在夠硬夠韌，竟然毫髮無傷*。薩克森國王信守承諾，大大獎賞了貝特格和馮齊恩豪斯，因為發明了歐洲精瓷肯定能為他招來巨富。

* 雖然這則傳聞已經得到多方否證，不過2011年7月，我們在英國國家廣播公司第四台的「陶瓷的功用」節目中，重現了這個實驗，證實瓷器從白熱狀態直接放入水中並不會碎裂。

從此之後，歐洲各地的科學家和陶匠都開始拚命實驗，希望能找出製造瓷器的祕訣。雖然間諜密探滿天飛，英國還是花了五十年才用本地原料做出瓷器，並命名為「骨瓷」。我父母親當年結婚收到的茶杯組就是骨瓷做的。

於是1962年的某一天，在米奧多尼克家宣布喜訊之前，康瓦爾的礦工黎明即起，和過去兩百年來一樣穿越康瓦爾丘陵的野生蕨類叢林，經過坑洞和水車來到特維斯科礦場，挖掘一種特別的白色黏土。在這些人挖掘高嶺土的同時，馬路另一頭的花崗石礦場則有礦工在挖掘礦石，包括雲母、長石和石英。史塔夫郡及鄰近的契郡、德比郡、萊斯特郡、華威郡、沃斯特郡和許洛普郡的農人牧養牲畜，並把死去牲畜的骨頭焚燒後磨成細粉。所有材料隨後運往特倫特河畔的斯托克市，在某個冬日燒製成我桌上的茶杯和同組茶具。

繁複的製造過程

冬天的斯托克市應該煙霧瀰漫，數百座紅磚瓶形窯吞雲吐霧，致使當地成為英國陶瓷重鎮。當年的煙霧應該帶著濃郁的硫磺味和幾分酸氣，而且或許和我1987年暫居當地時一樣烏雲低沉，使得天空跟煙囪融為一體，整座城市因此顯得很不真實，有如幻夢。

工廠裡的空氣經窯火烤得乾燥溫暖，感覺很舒適。每個房間都擺滿板凳和機械設備，成排的男女工人專心忙著幹活，製作各式各樣的瓷器，主要是餐盤和碟子，當然還有茶杯。工作非常繁重，工廠裡瀰漫著全神貫注的氣氛。所有器具都只用一種材質製造，它主宰了工廠，在所有地方留下印記。整間廠房都會沾滿這些混合礦物與獸骨的白色細粉。

這些細粉的外觀毫不起眼，就算加水後會變成可塑形的黏稠糊狀物，但也就如此而已。茶杯由瑋緻活陶瓷廠的女工親手捏製，她們做這工作已經一輩子了。靠著陶輪和女工的一雙巧手，黏糊的胚土瞬間就變成了杯子。濕軟的粗胚放在托盤上鬆軟無力，有如早熟的嬰兒。要是沒有外力協助，這些粗胚將會風乾、鬆垮、龜裂最後瓦解，就像泥土做成的杯子一樣。不過，它們並不會如此，而是被送到工廠的另一處地方。

到了那裡，一位手指粗壯的男子會用無比嫻熟的動作以耐火黏土迅速做好火泥箱。耐火黏土可以承受極高的溫度，因此常用來當成其他種類黏土加熱時的外殼保護層。男子會把茶杯的粗胚放入火泥箱，仔細排好放好，不讓粗胚彼此碰觸。一切就緒後，男子會用黏土把火泥箱封好。箱裡漆黑、冰冷又潮濕，所有粗胚也一樣濕軟。

隔天早上，工人會把這五百多個火泥箱小心放入瓶形窯中，放滿之後再把窯口封死，在窯下點燃炭火。窯裡煙霧瀰漫，茶杯的粗胚有火泥箱保護，因此依然潔白無瑕，隨著溫度升高緩緩乾燥，直到水分完全蒸發為止。接下來就是茶杯誕生的關鍵時刻。這時粗胚非常脆弱，礦物結晶都堆疊在一起，卻沒有任何力量把它們黏住。火泥箱把強力高熱氣流和濃煙擋在箱外，讓粗胚不至於瞬間爆炸。

當溫度升高到1,300℃，窯內變成白熱狀態，奇蹟就出現了：結晶間的部分原子將形成一條玻璃河。現在粗胚絕大部分已經變成固體，但仍部分呈液體，外觀就像茶杯上有液態玻璃形成的血管流過。這些液體會滲入結晶間的所有孔隙，覆蓋茶杯的每一寸表面。新生成的茶杯和絕大多數陶器不同，只有它們知道毫無瑕疵是什麼滋味。

瓷窯需要兩天降溫才能打開，但茶杯依然熱得無法安全取出。不過，一群身材壯碩魁梧、滿身煤渣的工人會穿著三層羊毛衫和外套，走進窯裡取出火泥箱。有些火泥箱已經受熱裂開了，裡面的茶杯接觸到煙塵和火焰，只能接受不幸的結局。但米奧多尼克家的茶杯完好無缺，安然蜷伏在宛如子宮的火泥箱中，直到工人把箱子小心撬開，讓它們以最出色的骨瓷風采降臨世間。專家會檢查它們有無瑕疵，接著如同打嬰兒屁股一樣輕彈一下做最後的檢查。

輕彈茶杯傾聽聲音，是最清楚而確定的方法，來確認杯子是否完全成形。只要杯子內部稍有瑕疵，有孔隙在白熱狀態時沒有由玻璃漿填滿，聲響就會有部分被吸收，無法發出清脆的回音，聽起來會悶悶的，而完全緻密的茶杯則是餘音繞樑。就是這個回音讓米奧多尼克家的茶杯得到了認可，可以待價而沽。輕彈陶瓦杯幾乎不會聽到任何聲音，頂多就是一聲悶響。而我的茶杯由於完全緊實，沒有任何瑕疵，因此即使像紙一樣輕薄透明，卻能維持五十年形狀完好細緻。就算現在輕彈茶杯，依然能聽見它的強韌與生氣。

與文化相結合

這組茶杯參與了米奧多尼克家所有特殊的日子。我外婆從愛爾蘭來參觀女兒的新家，它們負責裝茶。家人齊聚一堂慶祝米奧多尼克家的長子西恩誕生，它們躬逢其盛。鄰居應邀來家裡慶祝1977年的女皇登基銀禧，它們也在。艾倫叔叔還用其中一個杯子偷偷暢飲伏特加，結果在花圃跌了一跤。某年的耶誕節，有個親戚趴在餐桌打呼，弄得滿桌鼻涕，這些茶杯也在，最後在一團亂中，還把其中一個杯子甩到地上砸碎了。米奧多尼克家每個男孩結婚時，它們都在場。只有西恩例外。他在夏威夷跳傘結婚，在海灘上舉行婚禮。

這些瓷杯是備受珍重的結婚禮物，只見過米奧多尼克家歡慶的一面，只在特殊場合端出來獻寶，從未用在日常生活裡。它們沒有待過床邊，也沒去過菜園的圍牆上，更沒有跟著孩子一起去足球場。這些家居時刻是屬於馬克杯、屬於品質較低的上釉瓷杯或陶杯的。這些杯子都很厚，因為材質太軟，必須夠厚才能支撐。它們便宜又討喜，隨興的形狀與尺寸正是它們如此居家的原因。用它們喝茶也覺得廉價和開心。

茶雖然源自中國，卻成了英國的國民飲料，不過兩者角色大不相同。茶在漢朝是財富與教養的象徵，在英國卻是用茶包裝著最廉價的混合研磨茶葉沖來喝。我們喜歡茶是深棕色的，看到麥芽色就覺得這是一杯好茶。其實比起純種茶，我們喝茶的口味相當清淡。我們會加牛奶中和苦味，在冷天和雨天喝茶撫慰自己。茶的味道基本、質樸而謙遜，用馬克杯品嘗更是如此。

我在我家屋頂上喝茶用的杯子，是我爸媽當年結婚收到的骨瓷杯組中殘存的最後一只。時代變了，茶具組不再是新婚夫妻家中的必備用品，因為細緻的瓷器和茶品不再是教養與文雅的象徵，瓷器必須改頭換面才能重新變得新潮和實用。現在瓷器還是結婚禮物，只不過通常改送白色瓷盤，甚至是馬克杯，外觀強調時髦，而且一定要能用洗碗機清洗。

這只米奧多尼克家僅存的婚禮瓷杯，我知道天天用它終究會害它喪命。每注入一次紅茶，水溫就會在杯子內部造成應力，拉大裂隙，而茶的重量則會讓更多原子鍵斷裂。裂隙會緩緩變長，有如蟄伏在杯裡的小蟲向外蠶食，最終讓瓷杯四分五裂。也許我應該把它束之高閣，好保存我父母親婚禮的紀念。但我寧可相信天天用它喝茶是一種致敬，敬我父母親彼此相愛，而這正是這只瓷杯存在的意義。

10
長生不死的植入物

1970年代有一個美國影集叫做「無敵金剛零零九」，故事設定男主角太空人奧斯丁發生嚴重車禍，由於傷勢過重，醫師決定嘗試還在實驗階段的手術，重建奧斯丁的肢體與感官能力。然而，手術不僅是重建，還徹底改造了他，讓他變得「更好、更快、更強」。

變得更強的方法

影集對於複雜的手術及植入體內的仿生裝置沒有多著墨，只強調奧斯丁改造後的超能力，例如跑得飛快、跳得奇高和能感覺到遠方發生的危險等等。我哥哥和我都很愛這部影集，而且深信不疑。因此那次我從攀爬架上摔下來跌斷了腿，被送到醫院，心裡其實是懷著幾分好奇與期待的。我和三個哥哥擠在我們家那輛紫色的標緻504上，四人一起尖聲高唱：「我們能改造他，讓他更好、更快、更強……」

我一送到急診中心，醫師就迅速且專業的做出了檢查與診斷。醫師說我的腳的確斷了，但骨骼有自癒功能會修復創傷。我大失所望，覺得醫院故意搪塞推託。他們為什麼不肯改造我？我問了母親，她說即使像骨骼這麼硬的組織也有自我修復的能力。

醫師說骨骼中央是柔軟的內裡，外頭包著一層硬殼，跟樹有點像。在肉眼無法見到的微觀層次上，骨骼內裡是網狀多孔組織，讓骨內細胞可以自由活動，不停分解和重塑骨骼。因此骨骼和肌肉一樣，會因為使用程度而增強或變弱，依人體各種活動（如跑步或跳躍，但最主要是承受人體重量）帶來的壓力而增長。醫師告訴我，太空人有一個很大的危險，就是外太空的無重力狀態會讓他們的身體不再承受這種壓力，造成骨骼失去強度。他們問我最近是不是上過太空，還覺得這個笑話很好笑。我狠狠瞪了他們一眼。

雖然骨骼會不斷重塑，修復斷腿仍然必須把斷骨完美接合在一起。醫師跟我說這代表我得接受治療，讓腿固定不動幾個月。這套療法源遠流長，古埃及人和古希臘人都曾用過，一點也不高科技，就是用硬固的繃帶把腿纏住而已。

古埃及人用亞麻和製作木乃伊的技術來固定斷腿，古希臘人用布料、樹皮、石蠟和蜂蜜來處理，但我用的卻是熟石膏，這是來自十九世紀土耳其人的發明。熟石膏是石膏脫水而成的陶土，跟水泥一樣摻水後會硬化。但熟石膏非常易碎，無法單獨使用，用個幾天就會碎裂。不過只要加上繃帶，繃帶的棉質纖維會強化石膏，阻止裂隙蔓延，熟石膏就會強韌許多，可以包紮斷腿長達數週。比起古埃及和古希臘的做法，上石膏最大的好處是我不必在床上躺三個月，等腿自我修復。石膏模夠硬夠堅固，能承受人的體重和使用枴杖走路時的撞擊，同時讓腿順利康復。石膏繃帶發明之前，斷腿往往會讓人一輩子不良於行。

我還記得石膏塗到纏著繃帶的腿上的那個時刻，混合著熱與搔癢，感覺很怪。熱是石膏摻水後的反應，癢則是因為柔軟的繃帶開始慢慢變硬。我突然感覺腿的中段搔癢難耐，我很想抓，卻只能拚命克制，簡直難受極了。接下來幾個月，搔癢會不時發生，而且往往在三更半夜，我完全束手無策。我媽說這就是接受無敵金剛大改造的代價。我反駁說我根本沒有被改造，雖然我很想，但醫師只是讓我的身體自行復原。我不會變得更好、更快、更強，還是和之前一樣，跟快和強壯完全沾不上邊。我媽叫我閉嘴，我想也是。

後來我又受過幾次重傷，待過醫院幾次，雖然沒讓全身骨頭都各斷一次，至少也努力過了。我斷過肋骨和手指，還曾砸破腦袋。我撞碎過玻璃，胃黏膜破了大洞，還曾經遭刺傷。但每一回我的身體都自己痊癒了，雖然得靠醫療體系監督與幫忙。從小到大，我只有兩次需要醫師「重建」和改造。一次是很久以前，但這問題一直不時困擾著我。

解決牙疼煩惱

起初只是嘴裡有一顆牙微微不舒服，幾天後這顆牙卻變得更酸、更痛，喝熱水時尤其難受。後來我有一天吃三明治，吃著吃著突然聽見可怕的碎裂聲，直讓我頭皮發麻。很不幸，我嘴巴裡的毛病更嚴重了，而且一陣猛烈的刺痛有如閃電，從口腔頂部直竄腦門。我用舌頭小心翼翼試探發痛的部位，發現原本光滑的牙齒變得凹凸起伏，把我嚇壞了。我覺得我的牙齒好像碎了一半，後來發現果真如此。我沒辦法再吃喝任何東西，因為神經從斷牙處露了出來，一碰到就痛得厲害，像針刺一樣，所以對任何入口的東西都非常敏感。我的嘴巴彷彿變成了禁航區，我腦中一片空白，只想趕快止痛。

古埃及人和古希臘人都解決不了這個問題。我們的老祖先必須與蛀牙共存。他們老是牙疼，痛得太厲害就只得把牙齒拔掉。如果不是找鐵匠用鉗子硬拔，就是運氣好一點由老練的醫師幫忙。醫學發達後，開始有麻醉劑可以舒緩疼痛，例如鴉片酊等等。

1840年，有人發明了一種銀、錫、汞的合金，稱為「汞齊」，成為人類蛀牙史上的轉捩點。原始狀態的汞齊因為含有水銀，在室溫時是液體。但只要摻入其他成分，汞齊裡的汞、銀和錫就會發生反應，形成新的結晶，非常堅硬耐磨。這種神奇材料可以在液態時注入牙齒蛀孔中，等它硬化。而且它硬化後會稍微膨脹，使補牙「咬住」蛀孔，和牙齒完全密合。汞齊製成的補牙遠優於鉛或錫製成的填充物。後兩種金屬雖然都有人用過，但質地太軟無法耐久，而且要以液體型態灌入蛀孔，都得加熱到熔點，但這又會燙到令人無法忍受。

這種廉價又無須拔牙的齲齒治療法問世一百五十年後，我接受了人生中第一次補牙。那塊補牙現在還在，我用舌頭還能感覺到它光滑的表面。它讓我從身心俱創的小男孩再度變回了活潑調皮的搗蛋鬼。我後來又補了八次牙，前四次用汞齊，後四次用複合樹脂。複合樹脂由矽石粉末和強韌的透明塑膠混合而成，堅硬耐磨，而且顏色比汞齊更接近牙齒的原色。和汞齊一樣，複合樹脂也是在液態時灌入蛀孔，但灌入後需要用紫外線照射，啟動樹脂內的化學反應，讓樹脂瞬間硬化。除了補牙之外，現代人還可以選擇拔掉蛀牙換成瓷牙或氧化鋯牙。這兩種材質通常比複合樹脂更耐磨，顏色也更像牙齒。要不是這些生醫材料，我現在可能沒剩幾顆牙了。

用鈦固定韌帶

我體內還有另一種生醫材料，一直扶持我到現在，是我1999年在美國新墨西哥州工作時植入的。那天我在室內足球場踢球，球在我腳下而我正打算迅速轉身，突然聽見膝蓋啪的一聲，隨即劇烈扭痛。我只是扭動膝蓋，沒有被撞到，韌帶竟然就斷了，簡直不可思議。但事情真的就這樣發生了。我扭斷了右膝的一條韌帶，叫前十字韌帶。

韌帶是人體的橡皮筋。肌肉、韌帶和連結肌肉與骨骼的肌腱，這三樣東西負責連結關節，讓人體可以自由動作。骨骼之間由韌帶連結，韌帶有黏彈性，亦即它能瞬間拉長和彈回，但只要拉長不動一段時間就會變長。這就是運動員常做伸展運動的原因，他們希望拉長韌帶，讓關節更有彈性。韌帶雖然對關節如此重要，卻沒有血液補給，因此只要斷裂就幾乎無法復原。所以為了讓我的膝蓋恢復正常運作，就得更換韌帶。

這類手術有幾種做法，而我的主治醫師選擇用我的大腿後肌來重建我的前十字韌帶。但為了讓新的韌帶固定在膝蓋上，就必須使用螺絲把新的韌帶牢牢拴住，讓我未來能再踢足球或去滑雪。

人體對置入體內的物質非常敏感，絕大多數都會發生排斥，而鈦是少數能被接受的材質。並且鈦還會產生骨整合，跟骨骼緊密鍵結，對於連接大腿後肌和骨骼非常有用，形成的密合不會因為時間久了而弱化或鬆弛。十多年過去了，我膝蓋裡的鈦螺絲依然牢固，而且由於鈦很強韌，惰性又高（只有極少數金屬不會跟人體起反應，連不鏽鋼都無法抵擋人體內的化學考驗），因此應該還是完好如初。多虧了強韌的氧化鈦表面塗層，這些螺絲可以用一輩子，而我當然希望它們能夠如此。鈦還能耐受高溫，因此我將來死亡火化後，還能看得出模樣的可能就剩這些螺絲了。我希望當它們重現天日時，我的家人能心懷感念，因為少了它們，我就不能做許多我愛做的事情了，像是跑步、陪孩子踢足球和爬山等等。鈦螺絲和外科醫師讓我的身體恢復矯健，為此我由衷感謝。

當然，我離死亡還久得很，我還想維持健康活力五十年，因此將來一定還有不少地方需要重建。目前的科技發展讓我對此充滿希望，因為儘管我們還離「無敵金剛零零九」的世界很遠，但過去四十年來，人類已經在這一方面取得了長足的進步。

下面相片裡的男人是我外公，他過世時是九十八歲。長壽的他直到辭世前都精神矍鑠且良於行，只是得靠枴杖。不是所有人都有他這樣的福氣。但就算勇健如我外公，身體也有許多毛病，而且體型縮水了不少。人是永遠注定會衰老，還是未來可能藉由人體重建的方式抵擋各種老化症狀？生醫實驗室研發的最新科技能不能為我們帶來希望，讓我到了九十八歲高齡依然能走路、跑步甚至滑雪，健康活力就跟現在四十三歲的我一模一樣？

我母親陪外公散步，時間為1982年。

就活動力而言，人體最先耗盡的不是肌肉也不是韌帶（算我倒楣），而是關節內面。膝關節和髖關節尤其如此，因為這兩個部位的運動特別複雜，需要承受極大的重量。但手肘、肩膀和手指的關節也會磨損。關節的磨損和撕裂會造成慢性骨關節炎，讓人長期疼痛。另一種關節炎叫類風濕性關節炎，是人體免疫系統攻擊關節所致，也會產生同樣症狀。但無論是關節自行毀損，還是出車禍或劇烈運動造成關節損傷，只要臀部、膝蓋、手肘或任何部位的關節耗損殆盡，再多休息與靜養也回天乏術。關節內面和骨骼不同，無法自行修復，因為它們根本不是由骨骼構成的。

關節置換不麻煩

髖關節置換手術已經問世一段時間了。最早出現在1891年，使用的是象牙材料，現在主要使用鈦和瓷。人工髖關節非常成功，因為髖部的活動方式相對單純，屬於杵臼運動，讓雙腿可以旋轉擺動（不過絕大多數動作都不自然，學過瑜珈的人就知道我在講什麼）。過去甚至還出現過一種，叫做迪斯可的「儀式」，專門展現髖部的靈活。跳得好再加上服裝新潮，你就是一個很「hip」的傢伙，意思不是很屁股，而是很炫。

我們還在子宮裡時，臀部就成形了。大腿骨頂端會生成圓球狀的股骨頭，跟骨盆的髖臼完全嵌合，之後兩根骨頭會以同樣的速度生長，以確保關節變大了依然密合。不過，這些骨骼的表面非常粗糙（所有骨骼都一樣），因此人體會長出一層叫做軟骨的外圍組織，襯在兩根骨頭的接合處。軟骨比骨骼軟，但比肌肉硬，能在骨骼之間形成平滑的介面，並吸收衝擊力。之後關節再由韌帶、腱和肌肉加以固定，限制關節的動作，防止人體跑動、跳躍和跳扭扭舞（沒錯！）時，股骨頭脫離髖臼。所謂的關節炎其實就是軟骨受損，而軟骨一旦受損就不可能復原。

因此，髖關節置換手術就是把大腿骨頂端的股骨頭鋸掉，換成鈦做的股骨頭，再把按照鈦股骨頭尺寸製作的髖臼釘入骨盆，最後墊上高密度聚乙烯當成軟骨。這套人工關節能讓腿部活動完全恢復，並且能使用數十年，只有當聚乙烯磨耗了才需要更換。最新款的人工髖關節密合度更高，甚至不需要聚乙烯來當緩衝，但是否更耐用還言之過早，因為金屬（更新款則使用陶瓷）直接接觸可能會產生其他的磨損問題。不過，髖關節置換目前已經成為很普通的手術，讓數百萬的老年人重拾了活動力。

膝關節置換手術的原理相同，只是關節活動機制比較複雜，膝關節不是杵臼關節，它同時需要扭轉又能彎曲。下回在咖啡館無所事事望著窗外發呆時，不妨留意一般人怎麼走路：首先是膝蓋超前身體，定在下一步要踩的位置上方，再讓小腿和腳甩到定位。腳著地後，腳掌必須調整角度或扭動或傾斜以貼合地面，這些都需要膝蓋以複雜的方式調整動作來配合。跑步對膝蓋的壓力更大，因為在執行上述動作的同時，還得不斷承受衝擊。只要試著走路不彎膝蓋，就會明白膝關節對活動力有多重要。

人體組織可再造

雖然如果必要，我一定會選擇動手術恢復活力，但想到十年或二十年後，我必須換掉自己的膝關節和髖關節，我還是怕怕的。不過，十年對醫學和材料科學來說是很長的時間，現在也有科學家努力研究，或許我終有一天可以讓受損的軟骨重新生長，而不用更換關節。

軟骨是複雜的活體組織，它的內骨架和凝膠一樣由纖維組成，主要成分是膠原蛋白。膠原蛋白是明膠的分子親戚，也是人體內最普遍的蛋白質，能讓肌膚和其他組織維持緊實彈性，因此除皺乳霜才會經常強調含有膠原蛋白。但和凝膠不同，膠原蛋白的骨架裡有活細胞，負責製造和維持骨架。這些細胞稱為軟骨胚細胞。目前科學家可以從病人的自體幹細胞培育出軟骨胚細胞，但把軟骨胚細胞直接注入關節並不會讓軟骨復原，因為這些細胞無法在原生地之外存活，也就是無法脫離膠原蛋白的骨架，一離開就會死亡。這就像直接把倫敦人送上月球以延續人類生命一樣。少了基礎建設，送再多人去也是枉然。

因此，我們需要在關節內仿照膠原蛋白的結構，建造一個臨時骨架，再把軟骨胚細胞放入這些「支架」內，讓它們成長以及分裂增生，給它們時間和空間重建棲地，進而讓軟骨重新生長。這套「支架法」的優點在於軟骨胚細胞會自行吞食掉支架，也可以事先設定，讓支架在軟骨胚細胞重建棲地之後，自動溶解，只在膝蓋和髖部留下軟骨。

用支架重建軟骨組織聽起來有點像天方夜譚，其實已經是確證的做法，於1960年代由亨奇（Larry Hench）教授率先嘗試。當時一位陸軍上校問他能不能找到方法，幫助越戰退伍傷兵再生骨骼，免於截肢的命運。「我們救得了性命，卻救不了四肢。我們需要發明身體不會排斥的材質。」亨奇和其他科學家多方尋找與骨骼更相配的材質，結果找到一種名為羥磷灰石的礦物。人體內就有這種礦物質，而且它能強力附著於骨骼上。亨奇等人實驗了許多組態，發現羥磷灰石在玻璃狀態時，性質尤其特殊。這個生物活性玻璃有許多小孔，也就是擁有許多微小通道，稱為成骨細胞的骨細胞喜歡住在這些通道裡，並於製造骨骼時分解周圍的生物玻璃，就像把玻璃吞食了一樣。

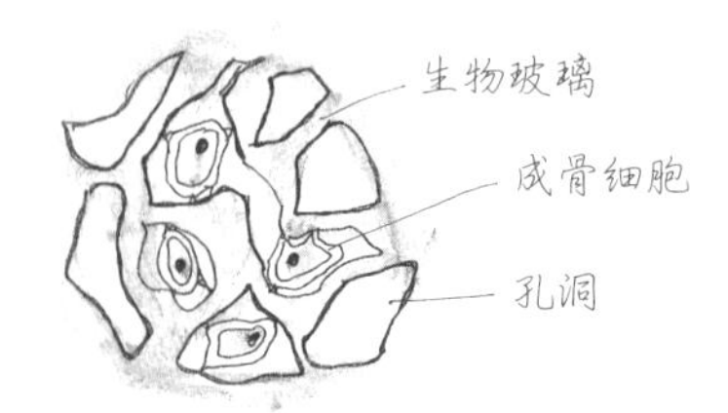

生物玻璃支架和在支架內生長的成骨細胞。

這套組織工程非常成功，目前主要用於合成植骨及重建顱骨和顴骨，不過尚未用於支撐性質的骨骼，因為這類骨骼必須承受人體重量，重建時間極長，而支架無法長時間承受巨大的壓力。目前的做法是在實驗室重建這類大型骨骼，因為支架不僅能存在於人體，在實驗室裡也行。細胞必須在生物反應器裡培養，而反應器除了模擬人體內的溫度與濕度，還提供養分。這項技術的成功也開啟了新的可能，未來可望製造出能完全替代人體組織的植入物。目前這個領域已經跨出了第一步，在實驗室成功培植出人體氣管。

這項計畫的起因是一位氣管出了問題的病人。由於他的氣管出現癌細胞，必須切除。如果不置換氣管，病人就得終生倚靠呼吸器生活。科學家首先以醫院常用的X光電腦斷層掃描來掃描病人。電腦斷層掃描通常用來尋找大腦和其他器官裡的腫瘤，但這項計畫用它來替病人的氣管建立3D影像，之後把影像輸送到3D印表機。

3D印表機是一種全新的製造技術，可以使用數位信息製造出完整的物品。它的原理跟一般印表機類似，只不過列印頭射出的不是墨點，而是材料微粒，一次射出一層，逐層把物品製造出來。這項技術目前不僅能列印杯子和瓶罐之類的簡單物品，還能列印帶有可動部位的複雜物品，例如樞紐和馬達。可以使用這項技術的材料現在有一百種，包括金屬、玻璃和塑膠。賽法利恩（Alexander Seifalian）教授的研究團隊先做出可適應病人幹細胞的支架材料，再把這個特殊材料放入3D印表機做出病人氣管的精確複製品。

成人幹細胞的功能為更新組織，而人體每一種細胞都有相應的幹細胞負責生成細胞。生成造骨細胞的幹細胞稱為間質幹細胞。賽法利恩教授的研究團隊做出支架後，把病人骨髓內取出的間質幹細胞植入支架，再放入生物反應器中。隨後幹細胞轉變成數種不同的細胞，開始建造軟骨和其他結構，形成一個自我維持的活體細胞環境，並溶解細胞周圍的支架，最後會留下一個全新的氣管。

這項技術的一大優點在於植入物完全由病人自己的細胞製成，一旦植入就自然成為身體的一部分，病人完全不需要服用副作用強烈的免疫抑制劑來防止身體排斥植入物。免疫抑制劑會壓制免疫系統以保護植入物，使得病人可能受到寄生蟲攻擊和各種感染。然而，人工氣管若要正常作用，身體必須輸血給它，而目前還不清楚人體是否能建立足夠的供血管道。此外，人工氣管內的細胞生態必須維持穩定，氣管才不會變形，病人才能正常呼吸。而消毒是另一個問題。支架使用的聚合物非常脆弱，無法承受傳統的高溫消毒。雖然有這些難題，研究人員還是於2011年7月7日完成了人類歷史上首次的病人自體幹細胞培植氣管移植。

這項技術的成功加速了新一代支架材料的研發。人工氣管必須能吸氣、呼氣並得到血液供應才能維持長久，但它還不是人體內的調節器官。科學家接下來的挑戰是培養肝、腎甚至心臟。目前人體的這些主要器官一旦衰竭，就必須靠器

賽法利恩教授研究團隊研發的氣管支架，在移植前先植入了幹細胞。

官移植才能恢復健康。但器官移植得仰賴捐贈，而且必須匹配，移植後還得終生服藥以防器官排斥。不過由於器官移植通常是病人重拾健康與獨立的唯一希望，使得捐贈的器官往往供不應求。

器官長期短缺造成了三個後果。首先，肝或腎壞死的病人需要長期照護，不僅費用龐大，還會讓他們無法自主生活。其次，許多患者往往等不到合適的心臟就過世了。最後，器官黑市交易愈來愈猖獗，更多窮人（尤其是發展中國家的窮人）被迫出售器官。不少調查都證實確有此事。最新一份來自美國密西根州立大學的報告，記載了三十三個孟加拉人出售腎臟卻沒拿到錢，還因為手術賠上了身體健康。通常這些窮人會搭機前往器官接受者所在的國家，在私人醫院摘除器官，然後立刻進行移植。據稱，一枚腎臟的平均價格是1,200美元。

除非找到方法取代器官移植，否則這些問題永遠無法解決。生物材料支架組織工程是眼下最具前景的替代方案，但顯然還有許多難關要克服。這些主要器官結構複雜，往往具有多種細胞，互相協調執行器官功能。以肝和腎為例，人工肝腎不僅要有血液供應，還必須連結大動脈。人工心臟需求最急迫，因為人體只有一顆心臟，失去作用的話，人一定會死。目前已有數種人工心臟面世，但使用者最長只存活了一年。

3D列印應該會在人工器官製造技術上扮演重要角色。目前3D列印已經廣泛用於製造植牙，並於2012年為一位八十三歲的老婦人製作了一副人工下顎。雖然這副顎骨由鈦製成，不過列印支架材料再植入細胞，讓細胞長成病人自己的骨骼，很快就會變為可能。

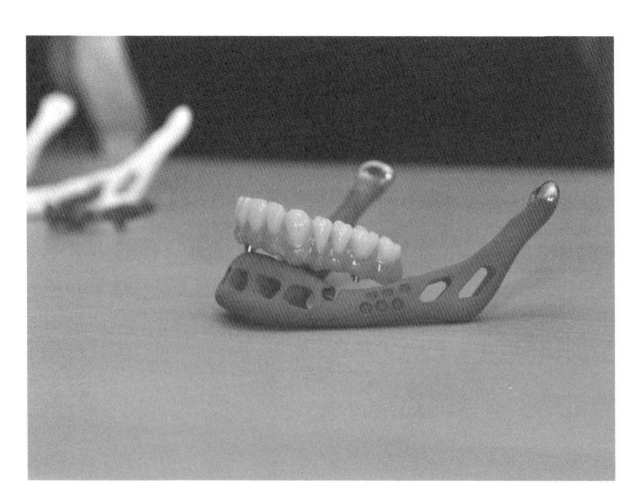

使用3D列印製造的人工下顎。

人體主要器官的重建步驟似乎都到位了，等我到了九十八歲時，或許換了一顆新的心臟、幾個人工器官和新關節，讓我依然健康有活力，看來也不是不可能的事。但我能像奧斯丁一樣，變得「更好、更快、更強」嗎？

無法克服老化

現在還很難說，但答案可能是否定的。因為老化不是由於細胞老了，而是因為製造細胞的系統退化了。老化就像以訛傳訛，下一代細胞無法重建上一代遺傳下來的結構，使得錯誤和瑕疵有機可乘。我的肌膚老化不是因為肌膚細胞四十三歲了，完全不是。成人幹細胞會一直生成新的細胞取代舊的細胞。肌膚老化是因為肌膚結構會出現錯誤和瑕疵，傳遞給下一代細胞，使皮膚開始出現斑點、皺紋並變薄。這些劣化會代代延續下去。

心血管系統也是一樣。英國有將近三分之一的人死於循環系統疾病，是最主要的死因。換句話說，我很可能死於心臟病或中風。心血管系統包含心臟、肺、動脈和靜脈，它讓身體得以運作，而心臟病和中風基本上就是心血管系統衰竭。雖然外科醫師已經很懂得修補心血管系統，讓出錯的部位重新運作，甚至藉由器官（或植入物）移植來更換部分系統，依然改變不了心血管系統非常操勞的事實。九十八歲的心血管系統就算修好了，也還是九十八歲了，只會愈來愈常出狀況，但置換整個血管系統在短期內還是不可能的任務。

總之，雖然培養與置換人體組織和器官愈來愈有成效，不同器官和數千個身體運作所需的系統間互動，還是會不斷產生瑕疵，降低組織和器官的表現。換句話說，我們還是會變老。

合成植入物是大膽的創舉，能解決人體組織或器官過早耗竭的問題，但它無法解決死亡的問題（如果我們認為死是問題的話），而只能改善生活。科學家目前已經開發出機械義肢來取代手術切除的四肢。這些電子機械裝置能接收大腦向四肢發出的脈衝並轉譯成握緊或抬腳等信號，讓義肢進行動作。同樣的技術也用來幫助頸部以下癱瘓的人，讓他們能操控機械義肢，獲得一定程度的獨立自主。這些技術雖然是為了殘障或癱瘓人士設計的，不過也可以用來幫助因為老化而失去活動力的長者。

這類技術提供了一種不同於組織工程的未來：一個生物神經機械世界。在這個世界裡，我們的身體活動將愈來愈仰賴合成電子元件，我們跟世界的實體連結也是如此。這就是「無敵金剛零零九」所想像的技術，讓奧斯丁變得「更好、更快、更強」。影集說這項技術需要6百萬美元，換算成現在的美金是3千5百萬元。雖然金額是虛構的，卻點出了長生科技的致命傷——價格驚人。想維持健壯到一百歲得花上一大筆錢。誰願意付這麼多錢？這會成為奢侈品嗎？只有富人到了九十八歲還可以打網球，其他人只能坐輪椅嗎？還是這項技術只會讓我們的退休年齡延後，要一直工作到八、九十歲？我比較喜歡第二種未來。但若費用真的是3千5百萬美元左右，那我們大多數人就算工作再多年也負擔不起。

我很可能會活到九十八歲。到時我到底是會身高縮水一半，跟我外公一樣得靠枴杖才能慢慢前進，還是能跟孫子玩網球和足球，不僅得看尖端生物材料研究的進展，也得看藥物的價錢消長。但我衷心希望我和哥哥多年前齊聲高唱的那句歌詞：「我們能改造他，讓他更好、更快、更強」會成真。我想長生不死我應該還應付得來。

鋼
鋁
銅
陶瓦
磚
水泥
鋅
鐵
竹
防曬油
聚丙烯
聚碳酸酯
混凝土
橡膠
聚乙烯
羊毛
石墨
鋰
玻璃
瓷
不鏽鋼
紙
液晶
矽晶片
巧克力
鈦
鋼
膠
丹寧布
泡綿
矽橡膠
橡膠
尼龍

再進一步
材料科學之美

我在這本書中考察了物質與材料的世界，希望讓各位明白我們周遭的材料雖然看起來只是五顏六色的東西，其實遠非如此。這些材料都是人類需求與慾望的細緻展現。為了創造這些材料，滿足我們對衣裝服飾和蔽身之處的需要，以及對於巧克力和電影的喜好，我們被迫做出一件了不起的大事：我們掌握了這些材料複雜的內在結構。

這套理解世界的方式稱為「材料科學」，到現在已經有數千年了。它的重要性和「人味」不下於音樂、藝術、電影與文學，卻沒那麼為人所知。在這本書的最後一章，我想更進一步介紹材料科學的語言，因為它指出了一個涵蓋所有材料的概念，不僅包括我們之前介紹過的材料，也包括沒提到的。

這個涵蓋一切的概念是：就算某個材料看起來只有一個顏色，摸起來只有一種感覺，就算它外表只有一個模樣，那也是幻覺。任何材料其實都是由許多不同實體組成的，而這些實體會在不同尺度上展現。就像俄羅斯娃娃一樣，材料的結構都是一層收著一層，幾乎每一層肉眼都看不見，每一層都比外層小，並緊密貼著外面那層。這個多層結構不僅讓某個材料成為某個材料，也讓我們成為我們。

原子是最基礎的材料結構之一，但不是唯一重要的結構。一些更大的結構也很重要，如（我只舉本書提過的）差排、結晶、纖維、支架、凝膠和泡綿等等。這些結構個個就像小說裡的不同角色，共同塑造了材料的形狀。有時某個角色主導了小說，但只有讓所有角色各歸其位，才能完整解釋材料的性質。例如我們之前解釋過，不鏽鋼湯匙嘗起來沒有味道是因為結晶內的鉻原子會和空氣中的氧原子反應形成氧化鉻，在湯匙表面形成保護膜。就算表面刮傷，保護膜也會迅速復原，讓鐵鏽來不及生成。於是我們吃飯再也不會嘗到餐具的味道。這個分子解釋令人滿意，但只說明了不鏽鋼「沒味道」的特質。唯有考慮不鏽鋼的所有內在結構，才能完整了解它的全部性質。

萬物都由原子構成

從這個角度來看，很快我們就會發現所有材料其實擁有一組共同的結構。最簡單的例子就是所有材料都由原子構成。你很快就會發現，金屬和塑膠有許多共同點，而塑膠又和皮膚及巧克力等有許多雷同之處。為了呈現所有材料的共同點，我們需要繪製一張材料的俄羅斯娃娃結構圖。不是以單一尺度描繪各種地形的普通地圖，而是以多重尺度表達一種地形：材料的內在世界，請見次頁圖。

讓我們從最根本的組成單元開始，那就是原子。原子的大小是我們的一百億分之一，因此肉眼顯然無法看見原子結構。地球上自然存在的原子有九十四種，但其中八種構成了98.8%的材料與物質，分別是鐵、氧、矽、鎂、硫、鎳、鈣、鋁，其他都算是痕量元素，連碳也不例外。

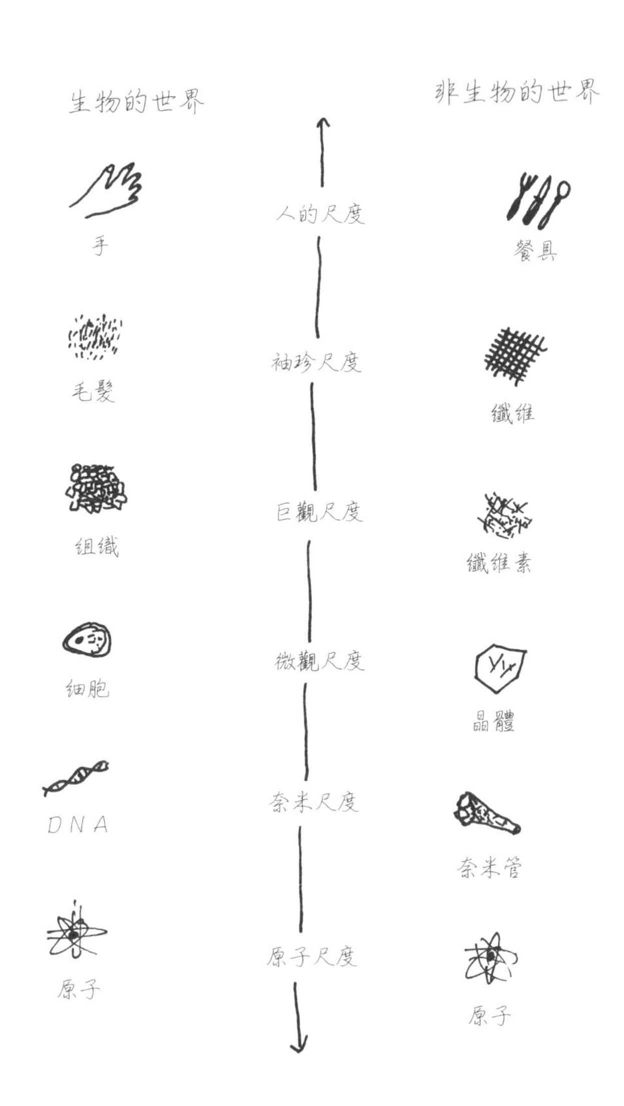
生物的世界
非生物的世界
手
人的尺度
餐具
毛髮
袖珍尺度
纖維
組織
巨觀尺度
纖維素
細胞
微觀尺度
晶體
DNA
奈米尺度
奈米管
原子
原子尺度
原子

我們已經能把這一些常見元素轉換成稀有元素，但得靠核反應爐才能進行，這種方法不僅價格高於採礦，還會產生核廢料。這就是為何黃金到了廿一世紀依然值錢。從以前到現在，人類開採的黃金加起來也只能放滿一棟豪華別墅。

某些原子非常有用，但數量稀少，例如鈦和白金，但量少不一定是問題，因為材料不單單取決於它的組成原子。就像之前提到的，堅硬透明的鑽石和烏黑柔軟的石墨，兩者的差別不在於原子，它們都是由同一個元素構成的，也就是碳。兩者性質的巨大差異來自於原子的排列方式，在於是立方體或多層堆疊的六角平面。這些排列方式不是隨意的，我們無法隨心所欲排列原子。

排列的規則取決於量子力學，而量子力學把原子視為波函數，而非粒子，因此用結構來稱呼原子本身以及原子形成的鍵結更為恰當。有些量子結構會產生可移動的電子，使得該材料可以導電。石墨的結構就是如此，所以能導電。鑽石裡的原子跟石墨相同，但結構方式不同，使得電子在晶格內無法自由移動，因此鑽石不會導電。鑽石呈現透明也是同樣的道理。

這個看似鍊金術的現象告訴我們，就算原子的種類極少，也可以創造出性質極為不同的材料。人體就是很好的例子。大多數的器官和組織都是由碳、氫、氧、氮所組成，而這四個成分的排列組合只要稍微變化，再加上鈣和鉀之類的礦物質點綴，就能形成頭髮、骨骼和肌膚等等極為不同的生物材料。這即是材料科學的金科玉律：單是知道材料的基本化學組成，並無法了解材料的特性。這個法則不僅對技術發展非常重要，更具有深遠的哲學意義，畢竟現代社會就是靠著它才得以存在。

因此，組合原子才能創造材料。由一百個左右的原子堆疊而成的骨架就叫奈米結構。奈是十億分之一，因此奈米世界的物體通常只有我們的十億分之一。屬於這個尺度的物體叫巨分子，也就是由數十到數百個原子組成的較大結構，例如我們體內的蛋白質和脂肪。塑膠的主要成分也屬於這一類，像是製造賽璐珞的硝化纖維素和必須從木漿中去除才能造紙的木質素。奈米尺度的多孔結構就是細緻泡綿，例如氣凝膠。

結構尺度影響大

在之前的章節中，這些結構看似面貌不同，其實都有一個共同點，就是它們的性質都出自奈米結構，調整這個尺度的結構就會改變它們的性質。人類操控奈米世界已經有數千年歷史，只不過之前靠的是化學反應或爐床冶煉之類的間接方式。鐵匠打鐵其實是在改變鐵內結晶的形狀，讓奈米尺度的差排「成核」，亦即讓晶體內的原子以音速跳到另一個晶體。我們當然看不見這麼微小的變化。在人的尺度上，我們只會看見鐵改變了形狀。這就是為什麼我們過去覺得金屬是

「鐵板一塊」，因為我們直到這些年才掌握了結晶內部的複雜機制。

奈米科技之所以在最近蔚為風潮，是因為我們現在有了顯微鏡等工具，能直接在奈米尺度進行操控，創造大量的奈米結構。我們現在能做出蒐集光轉成電來儲存的奈米結構，以做出發光源，甚至做出能感受氣味的奈米粒子。奈米科技似乎擁有無限可能，但更有趣的是，許多奈米結構都能自我合成，也就是這些材料能自行生成。聽起來很詭異，但卻完全符合已知的物理定律。

汽車馬達和奈米馬達的差別在於，奈米世界的主要作用力為靜電力和表面張力，奈米尺度下的重力非常微弱，而前述兩種作用力卻特別強。但對車子而言，最強的作用力是地球的重力，重力會讓車子支解。因此我們可以設計奈米機械，讓它能利用靜電力和表面張力自動合成與自行修復。細胞內部本來就有這套分子機制，所以才會自行生成，但在人的尺度上就需要力氣和強力膠了。

奈米結構太小了，人類看不見也摸不著。為了讓材料能和人互動，就必須組合奈米結構，讓它變大十到一百倍，聚合成顯微鏡下可見的結構。不過，即使變大到微觀尺度，肉眼依然看不見。矽晶片是二十世紀最偉大的科技突破之一，它就屬於微觀尺度。矽晶片由矽結晶和電導體聚積而成，是電子世界的動力火車。我們身邊的電子設備包含了數十億個矽晶片，它們能播放音樂、拍攝渡假相片和洗衣服。它們是人造的大腦神經元，尺寸相當於人體的細胞核。怪的是它們沒有會動的部位，完全靠本身的電磁性質來控制信息流。

生物細胞、鐵結晶、紙的纖維素纖維和混凝土原纖維也屬於微觀尺度。這個尺度中還包括一個偉大的人造結構，就是巧克力的微觀結構。可可脂結晶有六種結晶構造，熔點各不相同，使得巧克力擁有非常特殊的口感。糖的結晶和包含巧克力香味分子的可可粉也屬於這個尺度。改變巧克力的微觀結構就能改變巧克力的味道與口感，而這正是巧克力師父的本領所在。

材料科學家正開始設計可以控光的微觀結構。這類人造「超材料」具有可變的折射率，可以把光曲折成任意角度。這項技術催生了第一代的隱形斗篷，只要圍住某個物體，它就會彎折射向物體的光線，讓人無論從任何角度看都會覺得那個物體消失了。

肉眼可見的尺度

巨觀尺度含納了原子結構、奈米結構和微觀結構，是肉眼可見的臨界點，手機的觸控螢幕就是很好的例子。它看來平滑細緻，但只要把水滴在螢幕上，水珠就會產生放大效果，讓人看見它其實是由微小的像素組成的，而且有紅、藍、綠三種顏色。這些微小的液晶可以個別調控，組合成人類肉眼能見的所有顏色，而且能迅速開關，因此可以用來看電影。瓷也是巨觀結構改變而得到的成果，是另一個很好的例子：由不同的玻璃和結晶結構組合在一起，創造出強韌、光滑又色澤豐富的材料。

袖珍尺度由原子結構、奈米結構、微觀結構和巨觀結構組成，是肉眼剛巧可見的大小。絲線、頭髮、縫針和這本書的鉛字都屬於袖珍尺度。當你欣賞和撫摸木理時，就是在袖珍尺度下感受這些結構的組合。這個尺度的組合讓木頭擁有獨特的質感，堅而不硬、輕巧溫暖。同樣的道理，繩索、毛毯和地毯也都屬於這個尺度，當然衣服也是。那些較小結構在袖珍尺度的組合，造就了這些材料的強度、彈性、味道與觸感。一條棉線的外表可能跟絲或克維拉纖維難以區別，是它們在原子、奈米、微觀、巨觀和袖珍尺度的結構上，有相當差異，讓其中一個足以抵擋利刃，另一個軟若牛油。我們的觸覺就在這個袖珍尺度上跟物質互動。

最後是人的尺度。這個尺度是之前所有結構的集大成，我們握在手上、用叉子放進嘴裡或位於我們體內的東西都屬於此類。這是雕塑和藝術品的尺度，也是水管工程、烹飪、珠寶和建築的尺度。這個尺度的材料都是我們日常所見的物品，如塑膠管、油畫顏料、石頭、麵包和螺絲等等。這些材料的外表又再次顯得整齊劃一，但我們已知道事實並非如此。不過由於這些材料的深刻內涵必須放大才能看見，因此直到二十世紀，我們才發現所有物質底下的這個多尺度結構。就是這個多重結構讓我們明白，為何所有金屬雖然外表相似，性質卻南轅北轍，為何有些塑膠柔軟好拉扯，有些堅硬如石，還有我們為何能把沙子變成摩天大樓。這是材料科學最值得驕傲的成就，因為它解釋了那麼多事情。

設計不同尺度的結構讓我們有能力發明新材料，但廿一世紀真正的難題在於結合所有尺度的結構，形成人的尺度的物體。雖然智慧型手機是這種整合的實例，它結合了巨觀尺度的觸控螢幕和奈米尺度的電子元件，因此讓整個物體全接上電線，有如布滿神經線路般，已經不再是不可能的任務。一旦全面實現，我們的房子、建築甚至橋樑都將可以自行發電，傳送到需要的地方，同時能偵測毀損並自我修復。如果你覺得這聽起來像科幻小說，別忘了生物體內的物質早就做到這一點了。

生命與無生命的分野

由於材料的小尺度結構都含納在大尺度結構內，因此物質的體積愈大，結構愈複雜。這表示次原子粒子和量子力學的世界雖然常被視為科學最複雜的領域，其實比牽牛花還單純許多。

生物學家和醫師早就明白了這一點。他們的學科長久以來一直是由經驗和實驗法則（而非理論法則）所推動，因為他們的研究對象不但大又有生命，且複雜到無法用理論描述。然而，第243頁的尺度表告訴我們，生命體在概念上其實和無生命體沒有區別。兩者最大的差異在於生命體內部各尺度的連結更深，不同尺度會彼此溝通，主動組織生命體的內在結構。

無生命體在受到人的尺度的外在壓力時，所有尺度都會受到影響，誘使許多內在機制產生反應，最後可能造成無生命體改變形狀、斷裂、共振或變硬。相較之下，生命體偵測到外力來臨時則會採取某種行動回應，例如擋回去或轉頭逃跑。這類生命反應非常多。樹枝是被動的，大部分時間都表現得像無生命體，貓腿則毫無疑問幾乎隨時都生氣勃勃。而科學的大哉問之一就是：不同尺度間的聯繫加上主動回應，是否足以構成生命現象？這個假說並不是要貶低生命體，而是想抬高無生命物質，它們比外表看上去複雜多了。

從古至今，無論人類科技的發展是快是慢，地球上物質的基本結構方式始終沒有改變。地球上有我們認為有生命的生物，也有無生命的物體，例如岩石、工具和建築等等。但隨著我們更了解物質，迎來材料的新時代，生命和無生命的界線也模糊了起來。擁有人造器官、骨骼甚至人造大腦的仿生人將變得稀鬆平常。

材料世界影響大

不過，不管我們擁有的軀殼是不是人造的，肉身都不是人的全部。我們還活在非物質的世界裡，一個由心靈、情感與知覺構成的世界。物質世界雖然不同於心靈世界，卻不是毫不相涉。所有人都知道物質世界對心靈的影響有多強烈。坐在舒服的沙發上和坐在木椅上給我們的情緒感受完全不同。這是因為對人類來說，物質從來都不只是實用品。上古考古證據顯示，人類一懂得製造工具，就開始製作首飾珠寶、胭脂、藝術與服裝。這些材料的發明是為了文化與美感，而文化與美感始終是材料科學發展的強大推力。正是由於材料和社會功能關係密切，我們喜歡的材料和出現在我們身旁四周的物質才會那麼重要。材料擁有意義，訴說著我們的理念，讓我們成為我們。

材料的意義在我們的日常生活中隨處可見，和材料的用途密不可分。金屬堅硬而強韌，適合製造機械，但設計師也會刻意使用金屬，好把金屬可靠及強韌的形象注入到產品中。金屬外觀是工業設計語言的一部分，象徵著帶給人類大眾運輸和機械時代的工業革命。我們大量製造和塑造金屬的能力也塑造了我們。我們景仰金屬，因為它是我們可靠、堅固又強勁的僕人。我們每次坐上汽車或火車、把衣服放進洗衣機、刮鬍子或剃腿毛，都得倚靠它。

人類有悠久的歷史，使得我們對物質的觀感很難一概而論。我們為了許多理由喜歡金屬，例如工業感，卻也為了同樣的理由而討厭它。每種材料都有許多含意，因此我對本書10個物質所選的形容詞並不是唯一的標準答案。那些形容詞是我選的，所有的內容也都是從我的角度出發的，目的在凸顯一件事：我們每個人都和物質世界有著千絲萬縷的關係，而我只是跟你分享我的觀點。

我們都很善於察覺材料的意義，有時清楚知道，有時莫名了解。由於所有物體都由物質構成，因此物質的意義在我們心中無所不在，身旁世界也不斷大量轟炸我們。無論在農場或都市、火車或飛機上、圖書館或購物中心裡，物質的意義都不斷影響我們。

當然，設計師和建築師都會用這些意義來設計服裝、產品及建築，讓我們愛上它們、認同它們、想把它們留在我們身旁。物質的意義就這樣受我們的集體行為所加強，擁有了普遍的意含。人們購買衣服，透過身上的衣服成為自己希望成為或被迫成為的人。時裝設計師是操作這些意義的高手。但我們在日常生活的每一處都會選擇材料以反映自己的價值觀，從浴室、臥房到客廳都是如此。其他人也會在工作處、都市和機場把他們的價值加給我們。這是一個持續反思、吸收與表達的過程，它不斷重塑身邊物質對於我們的意義。

然而，重塑不是單行道。我們想要更強韌、舒適、防水和透氣的布料，而為了創造出這種材質，就需要了解物質的內在構造。這推動了科學理解，也推動了材料科學的進展。因此，物質確實反映了我們，以多尺度的結構展現了人類的需求與渴望。

最後再看一眼我在屋頂上的照片，希望讀了本書之後，你會開始看到不一樣的東西……

致謝

有個科學家老爸，讓我的好奇心從小就得到滋養。他會帶著標示「危險」的強酸藥瓶回家，在地下室的工作間做實驗，還買了德州儀器公司生產的第一代計算機。我有三個哥哥，西恩、艾倫和丹恩。我們從小就愛用身體去探索這個世界，蓋房子、挖東西、砸東西，四處戳戳弄弄、跑跑跳跳。而我母親總是用慈愛的眼光看著我們，讓我們盡情出去蹓躂、吃東西、把頭髮梳得奇形怪狀。我們家四兄弟都是少年禿，因此在她的晚年，無法再用各種髮型娛樂她。但我們都愛烹飪，而這本書是為她而寫的。可惜她在2012年12月離開了我們，無法親自讀到這本書，這是我莫大的遺憾。

我的材料科學教育開始於牛津大學材料科學系。我要感謝材料科學系所有的教授和職員，尤其是我的導師John Martin, Chris Grosvenor, Alfred Cerezo, Brian Derby, George Smith, Adrian Sutton, Angus Wilkinson，當然還有系主任Peter Hirsch。我就讀博士班時跟Andy Godfrey共用一間研究室，從他身上我獲益良多。

我在1996年從牛津畢業，先去美國山迪亞國家實驗室工作，接著又到愛爾蘭的都柏林大學學院和倫敦國王學院任職，最後在倫敦大學學院落腳。這一路上不少人讓我學到不少事情，我在此要特別感謝Elizabeth Holm, Richard LeSar, Tony Rollett, David Srolovitz, Val Randle, Mike Ashby, Alan Carr, David Browne, Peter Goodhew, Mike Clode, Samjid Mannan, Patrick Mesquida, Chris Lorenz, Vito Conte, Jose Munoz, Mark Lythgoe, Aosaf Afzal, Sian Ede, Richard Wentworth, Andrea Sella, Harry Witchel, Beau Lotto, Quentin Cooper, Vivienne Parry, Rick Hall, Alom Shaha, Gail Cardew, Olympia Brown, Andy Marmery, Helen Maynard-Casely, Dan Kendall, Anna Evans Freke, David Dugan, Alice Jones, Helen Thomas, Chris Salt, Nathan Budd, David Briggs, Ishbel Hall, Sarah Conner, Kim Shillinglaw, Andrew Cohen, Michelle Martin, Brian King, Deborah Cohen, Sharon Bishop, Kevin Drake和Anthony Finklestein。

我有幸曾跟幾所了不起的機構合作策劃演出與展覽，製作介紹材料的節目，讓我對本書的主題有更多的了解。我要感謝卓特咸（Cheltenham）科學節、威康（Wellcome）收藏館、泰特現代藝術館、維多利亞與艾伯特博物館、倫敦南岸藝術中心、英國皇家學院、皇家工程院，以及英國國家廣播公司第四台科學組和電視部科學組。

倫敦大學學院製成研究中心是很特別的地方，也是知識的殿堂。我想感謝所有成員在我寫作期間付出的友誼與支持，他們是：Martin Conreen, Elizabeth Corbin, Ellie Doney,

Richard Gamester, Phil Howes, Zoe Laughlin, Sarah Wilkes和Supinya Wongsriruksa。

我還要感謝所有看過部分章節並提供建言的朋友：Phil Purnell, Andrea Sella和Steve Price。

在我寫作期間，有些朋友不只提供建言，更一路鼓勵我。我衷心感謝我的摯友Buzz Baum，還有我親愛的老爸、老哥、嫂嫂、姪子和姪女，以及2012年Enrico Coen在佩魯賈辦的科學工作坊所有成員。

沒有我的出版經紀人Peter Tallack和企鵝一維京出版社的遠見與鼓勵，這本書就不會誕生。我尤其感謝我的編輯Will Hammond，他在寫作上給了我最大的信心。

最後，我在寫這本書的時候我兒子正好即將誕生。他和他母親是我寫作時的靈感泉源。

圖片來源

1.2 中歐新聞網（Central European News）

2.10 艾利斯泰・理查森（Alistair Richardson）

2.11 OK! 電子報 /www.expresspictures.com（OK! Syndication）

2.15 羅傑・巴特菲德（Roger Butterfield）

3.3 英國國營鐵路公司（Network Rail）

3.5 福斯特建築事務所（Foster and Partners）

3.8 伊塔塞門提集團（Courtesy of Italcementi Group）

4.6 吉百利糖果公司（Cadbury's）

5.3 NASA

5.4 NASA

5.5 NASA

7.3 艾・卡里恩（A. Carion）

7.4 約翰・波茲沃斯（John Bodsworth）

10.4 倫敦大學學院（University College London）

10.5 哈索特大學（University of Hasselt）

延伸閱讀

Philip Ball, Bright Earth: *The Invention of Colour, Vintage* (2008).

Rodney Cotterill, *The Material World*, CUP (2008).

法拉第（Michael Faraday），《法拉第的蠟燭科學》（*The Chemical History of a Candle*），OUP Oxford (2011).

史提芬・芬尼契爾（Stephen Fenichell），《塑膠》（*Plastic: The Making of a Synthetic Century*），HarperCollins (1996).

J. E. Gordon, *New Science of Strong Materials: Or Why You Don't Fall Through the Floor*, Penguin (1991).

—, *Structures: Or Why Things Don't Fall Down*, Penguin (1978).

Philip Howes and Zoe Laughlin, *Material Matters: New Materials in Design*, Black Dog Publishing (2012).

Chris Lefteri, *Materials for Inspirational Design, Rotovision* (2006).

普利摩・李維（Primo Levi），《週期表》（*The Periodic Table*），Penguin, new edition (2000).

Gerry Martin and Alan Macfarlane, *The Glass Bathyscape: How Glass Changed the World*, Profile Books (2002).

Harold McGee, *McGee on Food and Cooking: An Encyclopedia of*

Kitchen Science, History and Culture, Hodder & Stoughton (2004).

Matilda McQuaid, *Extreme Textiles: Designing for High Performance*, Princeton Architectural Press (2005).

Cyril Stanley Smith, *A Search for Structure: Selected Essays on Science, Art and History*, MIT Press (1981).

Arthur Street and William Alexander, *Metals in the Service of Man*, Penguin (1999).

閱讀筆記

閱讀筆記

科學天地 148A

10 種物質改變世界

Stuff Matters

The Strange Stories of the Marvellous Materials That Shape Our Man-Made World

原著 — 米奧多尼克（Mark Miodownik）
譯者 — 賴盈滿
科學叢書顧問群 — 林和、牟中原、李國偉、周成功

總編輯 — 吳佩穎
編輯顧問 — 林榮崧
責任編輯 — 林文珠
封面設計暨美術編輯 — 黃暐鵬

出版者 — 遠見天下文化出版股份有限公司
創辦人 — 高希均、王力行
遠見・天下文化・事業群 董事長 — 高希均
事業群發行人／CEO — 王力行
天下文化社長 — 林天來
天下文化總經理 — 林芳燕
國際事務開發部兼版權中心總監 — 潘欣
法律顧問 — 理律法律事務所陳長文律師
著作權顧問 — 魏啟翔律師
社址 — 台北市 104 松江路 93 巷 1 號 2 樓
讀者服務專線 — 02-2662-0012 ｜ 傳真 — 02-2662-0007, 02-2662-0009
電子郵件信箱 — cwpc@cwgv.com.tw
直接郵撥帳號 — 1326703-6 號 遠見天下文化出版股份有限公司

排版廠 — 極翔企業有限公司
製版廠 — 東豪印刷事業有限公司
印刷廠 — 中康彩色印刷事業股份有限公司
裝訂廠 — 中原造像股份有限公司
登記證 — 局版台業字第 2517 號
總經銷 — 大和書報圖書股份有限公司 電話／02-8990-2588
出版日期 — 2021 年 4 月 1 日第二版第 3 次印行

國家圖書館出版品預行編目 (CIP) 資料

10 種物質改變世界 / 米奧多尼克 (Mark Miodownik) 著；賴盈滿譯. -- 第一版. -- 臺北市：遠見天下文化，2015.03
面； 公分. -- (科學天地；148)

譯自：Stuff Matters : the strange stores of the marvelous materials that shape our man-made world
ISBN 978-986-320-692-7 (平裝)

1. 材料科學

440.2 104003562

定價 — NT350 元
書號 — BWS148A
EAN — 4713510945469
天下文化官網 — bookzone.cwgv.com.tw

天下文化
BELIEVE IN READING